中国首套马术（赛马）领域系列丛书

马匹护理

夏云建　余　刚　编著

长江出版传媒
湖北人民出版社

图书在版编目(CIP)数据

马匹护理 / 夏云建，余刚编著. —武汉：湖北人民出版社, 2015.5（2024.1重印）
ISBN 978-7-216-08529-8

Ⅰ. ①马… Ⅱ. ①夏… ②余… Ⅲ. ①马－饲养管理
Ⅳ. ①S821.4

中国版本图书馆CIP数据核字(2015)第050225号

责任编辑：徐　艳
封面设计：张　弦
责任校对：范承勇
责任印制：杨　锁

出版发行:湖北人民出版社	**地址**:武汉市雄楚大道268号
印刷:武汉市首壹印务有限公司	**邮编**:430070
开本:787毫米×1092毫米 1/16	**印张**:10.75
字数:262千字	**插页**:1
版次:2015年5月第1版	**印次**:2024年1月第4次印刷
书号:ISBN 978-7-216-08529-8	**定价**:42.00元

本社网址：http://www.hbpp.com.cn
本社旗舰店：http://hbrmcbs.tmall.com
读者服务部电话：027-87679656
投诉举报电话：027-87679757

前　言

体育产业在我国已成为一个新兴战略产业，有着巨大的发展潜力。尤其是国务院于2014年10月印发《关于加快发展体育产业促进体育消费的若干意见》，为体育产业发展做了清晰有力的顶层设计。群众性、娱乐性、商业性体育赛事按市场需求配置，全民健身上升为国家战略，体育消费已成为新的热点和亮点。体育产业被纳入国家经济转型战略，意义深远，中国的体育产业将迎来一个崭新的时代。

在蓬勃发展的体育产业中，马术（赛马）产业最具活力与潜力，世界发达国家的马术（赛马）产业经济已占据各国GDP的相当比例。随着我国社会主义经济的快速发展，物质生活资料的丰富，生活水平的不断提高，余暇时间的增多，人们从事休闲娱乐的需求日益强烈，马术（赛马）运动已成为一种新兴战略支柱产业及健康休闲文化活动而受到人们的青睐。因此，马术（赛马）产业的发展将成为我国经济转型发展中新的增长点。

马匹护理是马术（赛马）产业发展中的有机构成部分，对马匹健康保障与促进、疾病治疗与康复，甚至马匹运动能力和竞技水平的提高有极其重要的作用，也是现代马业发展的根本基础。

我国马匹护理发展目前尚处于萌芽阶段，武汉商学院国际马术学院在本领域进行了一些相关研究，并结合多年对马匹护理领域的研究成果和实践教学经验，撰写了《马匹护理》一书。本书从马业和马术（赛马）运动新领域视野角度，从理论与实践上阐述马匹护理方面的最新观点、最前沿知识；最新常规操作方法和特殊操作方法等。全书共十一章：第一章，马体基本形态结构；第二章，马匹护理概述；第三章，马匹习性与特征；第四章，马匹体表卫生；第五章，马蹄保养；第六章，马匹常见病护理基础；第七章，消化系统常见疾病护理；第八章，呼吸系统常见疾病护理；第九章，血液及循环系统常见疾病护理；第十章，其他常见疾病护理；第十一章，运动马匹护理。

本书可供马术（赛马）俱乐部管理人员、教练、骑师、马房管理人员、兽医和大、中专院校相关专业学生及马行业从业人员、马业爱好者学习和参考。

由于马匹护理在我国还是一个全新的领域，可参考借鉴的文献资料非常匮乏，加之我们的知识水平有限，时间仓促，书中错误和纰漏在所难免，恳请广大读者多提宝贵意见，不吝赐教。

夏云建

2015 年 4 月于武汉商学院鹤鸣湖畔

目　　录

第一章　马体基本形态结构

马匹护理在现代马业的发展中占据极其重要的地位，关系到马匹健康保障与促进、疾病治疗与康复，甚至关系到马匹运动能力和竞技水平的提高，是现代马业发展的基础。没有完善的马匹护理就不可能有健康、持续发展的现代马业。马匹护理研究范围包括正常状况下马匹护理（即马匹的日常护理）、疾病状况下马匹护理以及运动状况下马匹护理。为了更好地开展马匹护理工作和研究，首先必须对马体的基本形态结构有所了解。

第一节　马体基本形态

马体基本形态包括整体外观、马匹全身各部位形态、马匹体质、马匹气质等方面。马体基本形态知识是了解马匹、掌握马匹特点最基础的知识，对正确开展马匹护理工作与研究有着重要意义。

一、整体外观

在动物界中，马匹体格高大，外貌俊美。但是，不同品种的马体格大小相差悬殊，整体外观也有较大差异，从而影响马匹各项性能。以下介绍几种常见品种马匹的外观特点。

（1）纯血马

图 1-1-1　纯血马外观

纯血马的原产地为英国，称为英纯血马，18 世纪后纯种马被引入许多其他国家。纯血马是跑得最快的马种，尤其以中短距离速力快称霸世界，创造和保持着 5000 米以内各种距离速力的世界纪录，近千年来没有其他品种马速力超过它。因此，纯血马主要用于赛马或障碍赛马。其外观特点为：体格较高大，平均体高 165 厘米，也有的高达 180 厘米。体重中等，平均约 408～465 千克。骨骼较细，但强健有力。皮肤较薄，使腱的附着点突出。肌肉发达，呈长条状隆起，因此，肌肉收缩有力。四肢长而有力，关节和腱的轮廓明显。头不大，中等长，略显长而干燥。颈长直，斜向前方。胸深而长，胸廓发达。

（二）温血马

马术运动所用的马大多是温血马。最具代表性的品种有：荷兰温血马、德国温血马（汉诺威马）、丹麦温血马等。以荷兰温血马为例，其外观特点为：体格中等，大多在 162 厘米以上，平均约 165 厘米，有时会达到 173 厘米左右。头部大小中等，长相高雅，眼睛较大，耳朵长度中等，反应灵敏。颈部拱起，肌肉发展良好，腰长，肌肉发达，后驱深厚且强而有力，臀部稍斜。腿长而肌肉发达，脚的形状优美且强壮。

图 1-1-2　荷兰温血马

（引自 http：//mp. weixin. qq. com/s？ _ _ biz = MzA4NTA0MDIwMQ = = &mid = 10015707&idx = 1&sn = c23f50cd7a6ab08d7cf29d58572a8aef；http：//www. royalhorse. com. cn/article-779. html）

（三）阿拉伯马

图 1-1-3　阿拉伯马

（引自 http：//www. cpus. gov. cn/zlk/kpsjk/tupianku/201308/t20130828_ 278733. shtml）

阿拉伯马是最古老的马种，主要作为马的乘用型品种。原产阿拉伯半岛，经长期选育而成。其外观特点为：体格中等偏小，身高通常在 142 厘米到 153 厘米之间。体重 385 公斤至 500 公斤左右。头较小而精致，前额稍短而宽、成楔型。眼睛特别大而且突起，距离很大。鼻孔很大，有利于呼吸。耳两边距离很开，反应灵敏。肩膀肌肉发达，强壮有力，倾斜角度良好。臀部较长且平，尾巴高耸。被毛柔细，夏天被毛很短，冬天被毛稍长且密。鬃毛和尾毛细长如丝。

（四）安达卢西亚马

此马是世界上最古老也是最纯正的马种之一，原产于西班牙。其外观特点为：体格高大，身高一般为152厘米至173厘米。头部中等大小，耳朵中等或偏长，反应灵敏。眼睛大而灵活，呈三角形。颈部拱起，肌肉发展良好，背部坚实，肌肉发达，接近直背。腰短、宽，富于肌肉。臀部长、宽中等，圆形略向下倾斜；胸部深而丰满，胸廓发达，两肋伸展，腹部正常。被毛浓密，且经常呈波浪卷曲式的鬃毛与尾毛，是安达卢西亚马外观的一大特色。

图1-1-4　安达卢西亚马

（引自 http：//www. 88pets. com/Varieties/other/292. html）

（五）蒙古马

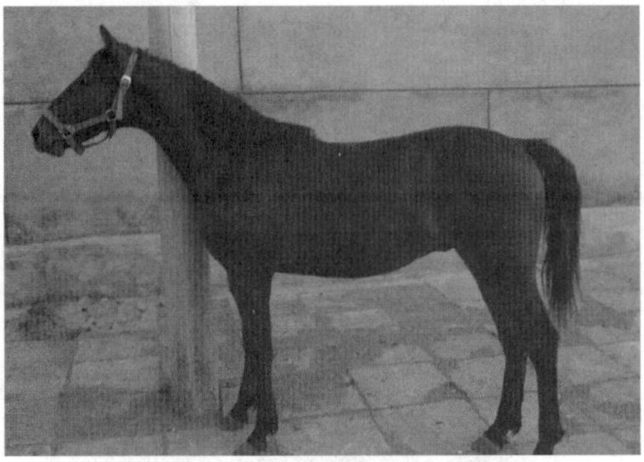

图1-1-5　蒙古马

（引自 http：//baike. baidu. com/picture/117364/117364/0/9f1011b3c007418bd9335af4. html？fr=lemma&ct=single；http：//www. 88pets. com/Varieties/other/297. html）

蒙古马原产蒙古高原，是非常古老的马种。其外观特点为：体格较为矮小，平均肩高120~135厘米。体重不重，平均为267~370千克左右。头大、额宽、颈短。身躯粗壮，皮厚毛粗，但四肢坚实有力，关节、肌腱发达。被毛浓密，毛色复杂，以青、骝和兔褐色为多。

（六）伊犁马

伊犁马是我国著名的培育品种之一，力速兼备，挽乘皆宜，曾被称为“天马”。主产于我国新疆维吾尔自治区伊犁哈萨克自治州的伊犁地区。其外观特点为：体格较为高大，体高在 144～148 厘米左右，明显高于蒙古马。结构匀称紧凑，体重较重，达到 400～450 千克左右。头部较小，外观秀美。颈部长短适中，肌肉结实，胸深，胸廓发达，发育丰满。四肢干燥，筋腱明显，关节清晰，肢势端正。系中等长，蹄质结实，运步轻快。

图 1-1-6　伊犁马

（引自 http：//baike. baidu. com/picture/117378/117378/0/1f56948271836c83f603a6b3. html？fr = lemma&ct = single#aid = 0&pic = fc5e5f3437973075241f147d）

二、马体全身各部位形态

不同品种的马体格大小相差悬殊，整体外观也有较大差异。但是，任何马匹全身各部位形态及名称却是完全一致的。认识这些部位，有助于对马匹提供更好的护理与照料。马匹全身各部位形态特点及名称如下：

图 1-1-7　鬃

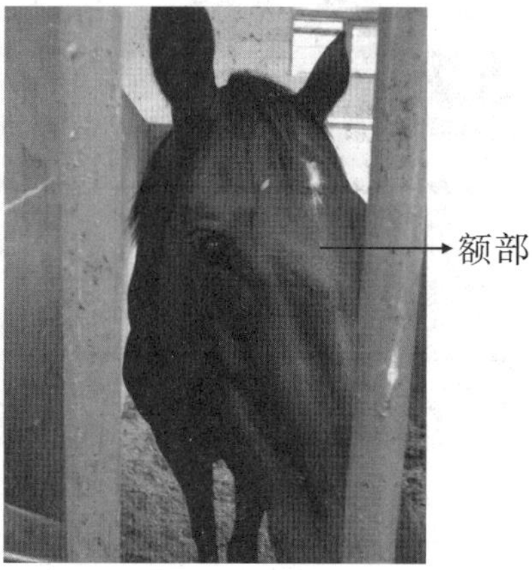

图 1-1-8　额部

鬃：从头顶起沿颈背至肩胛，具有的长毛即鬃毛，简称鬃。两耳间垂向额部的长毛称门鬃。不同品种、个体马匹的鬃有较大差异性。

额部：在两耳根连线以下，两眼连线以上的部位称为额部，也称作“额头”。不同品种的马匹，其额部的宽窄不等。如阿拉伯马、蒙古马、伊犁马等额部较宽，安达卢西亚马、汗血马等额部较窄。

眼盂：眼上方的凹陷。

眼上方的凹陷称为眼盂，其与马匹营养状况有关。营养不良的马匹眼盂比较明显；反之则不明显。

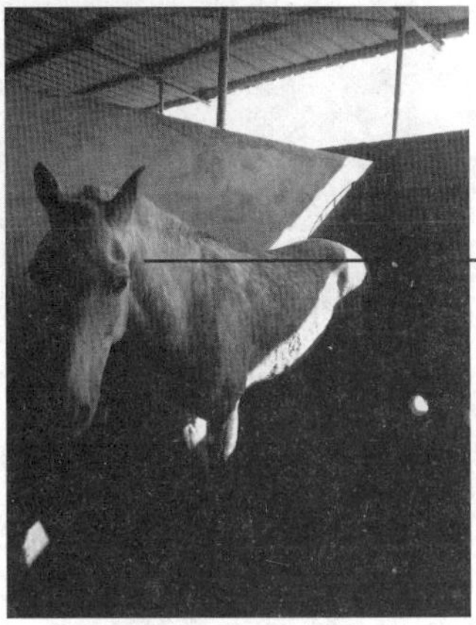

图 1-1-9　眼盂

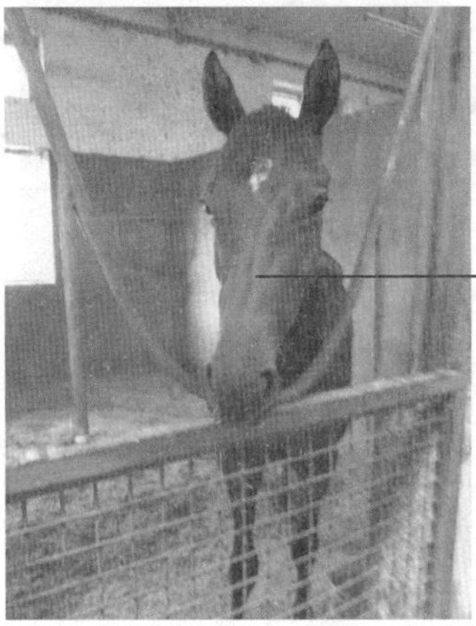

图 1-1-10　鼻梁

鼻梁：两眼内角连线至鼻孔连线之间的隆起部位。不同品种、个体马匹的鼻梁有差异性。

鼻端：鼻梁下端到上唇之间的部位。

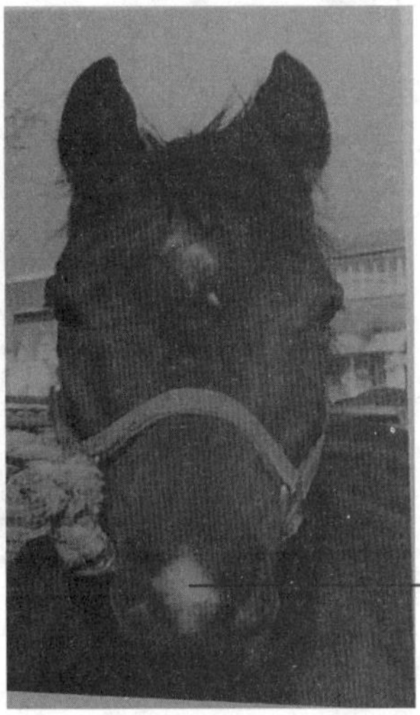

图 1-1-11　鼻端 — 鼻端白

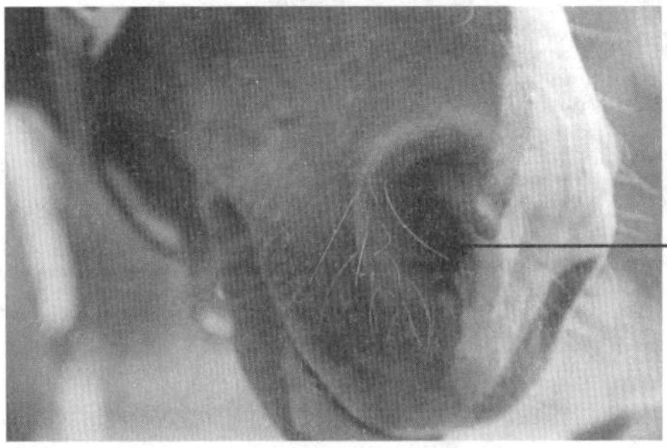

图 1-1-12　鼻孔

（引自韩国才《相马》中国农业出版社 2014 年）

鼻孔：以鼻翼软骨为基础，由鼻翼围拢形成。马匹鼻孔比较大，一方面有利于马匹快速奔跑时呼吸气体，另一方面有利于马匹吸入更多的嗅觉信息，是马匹嗅觉异常发达的形态学基础。

上唇：两鼻孔连线至口裂间的部位。

下唇：口裂后下方的部位。

颊部：头的两侧面，由耳下至口角的部位。

图 1-1-13　颊部及上下唇

图 1-1-14　颈部

颈部：以 7 个颈椎为基础，头础与颈础（颈肩结合处）之间的部位。

颈沟：颈下缘两侧由上到下的浅沟，也称颈静脉沟。马匹颈静脉通达于此，马匹静脉采血、输液一般在此部位。

肩部：颈础后方，鬐甲斜下方，肩胛骨为基础的部位，有左右之分。

前胸：两肩端连线以下，躯干前面、两前肢间的平坦部位，也称胸。

鬐甲：以两侧肩胛软骨、2—10 或 12 胸椎棘突为基础，连同韧带、肌肉结合形成，在肩胛上部，前与颈、后与背相连的隆起部位。测量马匹高度时，一般测量从马的鬐甲到地面的垂直距离，且马匹需保持正确姿势站在平坦较硬的地面上。

图 1-1-15　颈沟

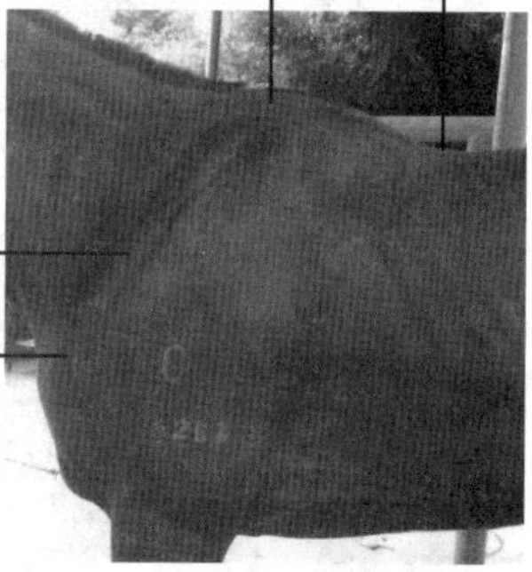

图 1-1-16　肩部 等

背部：以 10—18 胸椎和肋骨上 1/3 为基础，由鬐甲后到腰前的部位。

肘部：以尺骨头为基础，向后突出的部位。

腕部：以腕骨为基础的部分，也称前膝。

管部：以管骨（后管骨也称跖骨）为基础的部分，有前后之分，前管部由前膝至球节，后管部由飞节至球节。

球节：在管部下端，由管骨、籽骨和系骨三者为基础构成的球状部位。

系部：以系骨为基础，在球节下、蹄冠以上的部位。

股部：以股骨为基础，由后膝到髋关节之间的部位。

后膝：以膝盖骨为基础，股骨下端向前隆起的部位。

胫部：以胫骨为基础，后膝至飞节之间的部位。

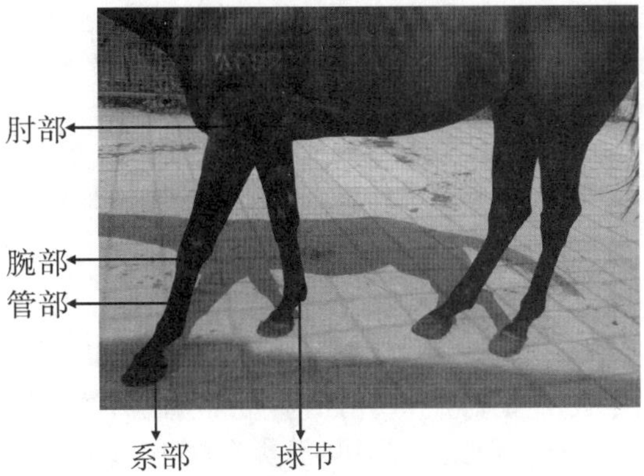

图 1-1-17　腕部 等

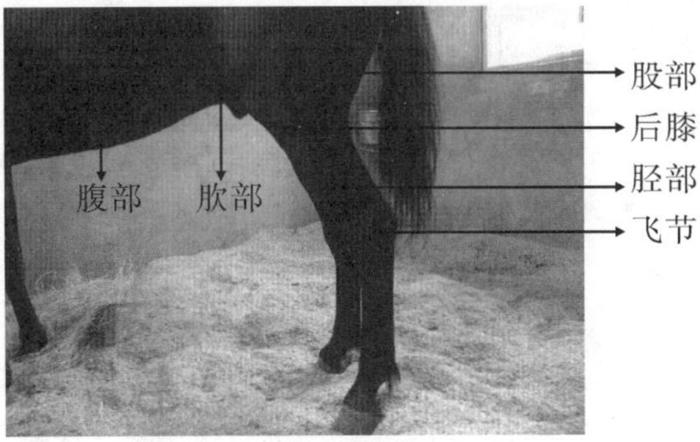

图 1-1-18　腹部 等

飞节：以跗骨为基础，胫部与后管部之间的部位。

腹部：胸廓后缘，骨盆腔前缘，躯干后下方，没有肋骨的部位。

肷部：在肋后，腰角前的凹陷处。

蹄冠：蹄壁上缘隆起的部位。

蹄：以蹄骨、冠骨为基础，外覆角质的蹄匣。

马匹全身各部位全面介绍，如下图所示：

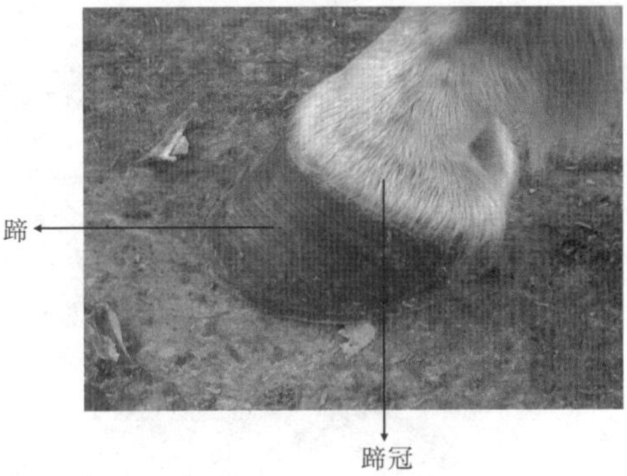

图 1-1-19　马蹄部 等

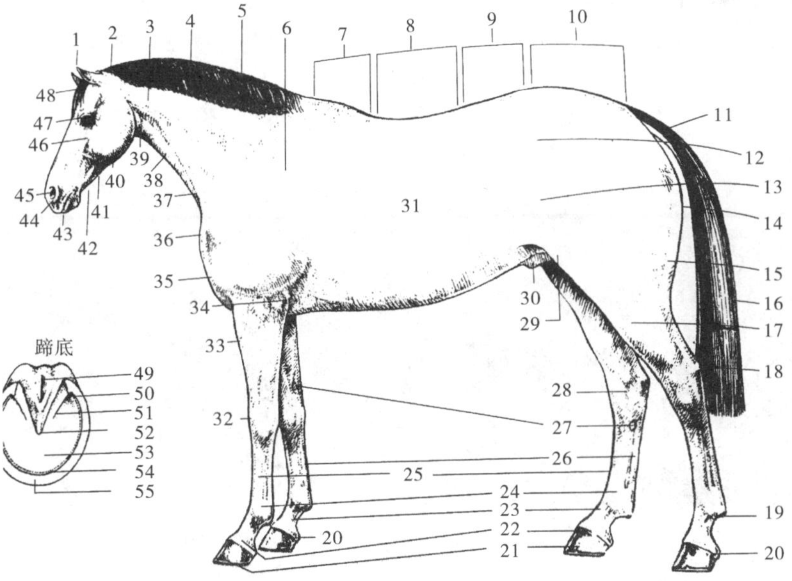

图 1-1-20　马体部位

（引自《马术手册》2009 年）

1. 耳；2. 项；3. 颈；4. 颈脊；5. 鬃；6. 肩；7. 鬐甲；8. 背；9. 腰；10. 尻部；11. 尾根；12. 腰角；13. 肷部；14. 臀端；15. 股；16. 尾；17. 胫；18. 飞端；19. 距；20. 蹄踵；21. 蹄壁；22. 蹄冠；23. 系；24. 球节；25. 管；26. 韧带；27. 附禅；28. 飞节；29. 后膝；30. 阴囊；31. 肋；32. 腕；33. 前膊；34. 肘；35. 胸；36. 肩端；37. 颈静脉沟；38. 气管；39. 喉；40. 颊；41. 颌；42. 颐凹；43. 口；44. 口吻部；45. 鼻孔；46. 颊骨；47. 眼；48. 门鬃；49. 蹄叉纵沟；50. 蹄支角；51. 蹄支；52. 蹄叉尖；53. 蹄底；54. 白线；55. 蹄壁

三、马匹体质

所谓体质就是指马匹的身体质量，也就是马匹在形态结构和功能活动方面所固有的、相对稳定的特性。各国学者对马的体质提出了不同的分类法。但比较通用的分类有这样几种：

（1）湿润型马：这是形象的说法，并不是说这种类型的马匹身上真的是湿润的。这种马皮下组织发达，肌健、关节不是很明显，肌肉比较松弛。这类马的性情多迟钝，不够灵活。挽马中较为多见。

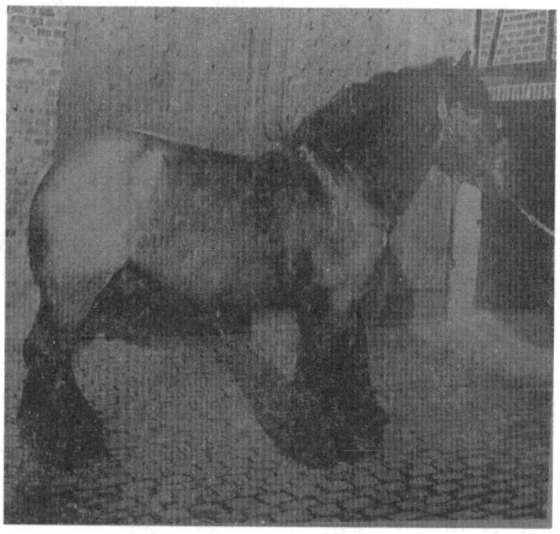

图 1-1-21 湿润型马

（引自韩国才《相马》中国农业出版社 2014 年）

图 1-1-22 干燥型马

（引自 http://www.scdzzx.net/html_horse/article/20071110008.html）

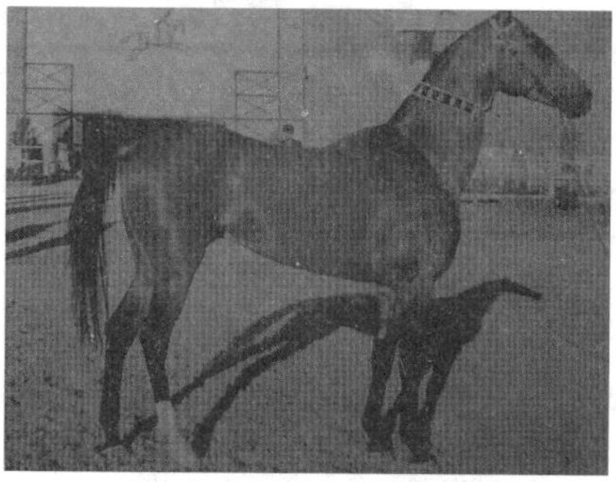

图 1-1-23 细致型马

（引自韩国才《相马》中国农业出版社 2014 年）

图 1- 1-24 粗糙型马：鄂伦春马

（引自 http://www.gucn.com/blog/blog_Article_Info.asp?ID=17595）

（2）干燥型马：同样的，这是形象的说法，并不是说这种类型的马匹身上真的很干燥。这种马皮下组织不发达，关节、肌腱的轮廓明显，皮肤较薄，被毛短细，性情活泼，动作敏捷，多见于轻型骑乘马，赛马运动一般需要这种类型的马匹。

（3）细致型马：这种类型的马匹头小而清秀，骨骼小，骨量较轻，皮薄毛细，性情灵敏。速度较快的马匹一般为细致型。

（4）粗糙型马：这种类型的马匹头重，骨粗，皮厚，毛粗长，多见于草原上的马。蒙古马一般为粗糙型。

（5）结实型马：这种类型的马匹头颈与躯干的结合匀称协调，躯干粗实，四肢骨量充分，全身结构紧凑。

图 1-1-25　结实型马：锡尼河马

（引自 http：//www. gucn. com/blog/blog_ Article_ Info. asp？ ID＝17595）

以上是对马匹体质的大致分类，事实上，很少见到单一体质类型的马。马匹一般都是以某种类型为主的混合型。如：干燥细致型多见于乘用马，而我国的蒙古马、哈萨克马多属粗糙结实型，伊犁马和三河马则多属于干燥结实型。

图 1-1-26　干燥细致型：纯血马

图 1-1-27　粗糙结实型：哈萨克马

（引自 http：//baike. baidu. com/picture/117371/117371/0/562c11dfa9ec8a132338858af403918fa0ecc0be. html？fr＝lemma&ct＝single#aid＝0&pic＝562c11dfa9ec8a132338858af403918fa0ecc0be）

图 1-1-28　干燥结实型：伊犁马

（引自 http：//www. xjylzs. com/news/xttc/2012/7/1272617896417. html）

四、马匹气质

马的气质是马对周围事物的敏感性反应到它精神上的表现，在养马学上称为马的悍威。由于马的神经活动类型不同，对周围事物的敏感性就不同，反应到它精神上的表现各异，所以马匹气质的表现也不同。马匹气质与其速度和耐力有密切关系，不同的个体，气质表现截然不同，特别是速度赛马更为突出。马匹气质或悍威主要有以下几种：

（1）烈悍：这种气质的马匹，神经活动属强而不平衡型。兴奋性大于抑制性，马匹对周围事物的敏感性很高，对外界刺激反应强烈，易兴奋暴燥，不易控制和管理。这种马多见于轻型马中的公马。在速度赛马比赛中，属于烈悍气质的马匹最终比赛成绩往往会很差，因为这种气质的马匹性急，易兴奋暴燥，在比赛开始前即无益地消耗过多精力和能量，导致比赛开始后持久力差。因此，烈悍马匹不适合参加速度竞赛。

（2）上悍：这种气质的马匹神经活动强而灵活，对外界反应敏感，但不过于强烈，且兴奋与抑制趋于平衡，不易过于兴奋暴躁。这种马能力强，反应动作敏捷，易控制和管理，听指挥，跑得快又能持久，速度与耐力兼得，在速度赛马比赛中容易取得好成绩。因此，速度赛马中多选用上悍马匹进行比赛。

（3）中悍：这种气质的马匹神经活动稍迟钝，抑制性大于兴奋性，马匹对周围事物的敏感性稍低，对外界刺激不敏感，兴奋性较低，不适于进行速度赛马比赛。但是易调教，工作性能好。较好的役马多为中悍。

（4）下悍：这种气质的马匹神经活动以抑制为主，对周围事物的敏感性很低，对外界刺激不敏感，性情迟钝，工作不灵活，工作效率低。使役较重的地方品种和部分重挽马多为下悍。

第二节　马体基本结构及特点

马体基本结构是指构成马匹的各组织、器官，以及由各组织、器官构成的各系统。本节主要介绍对运动马匹护理至关重要的四大系统，即运动系统、消化系统、呼吸系统及循环系统。

一、运动系统解剖生理特点

马匹运动系统由骨、骨连接（关节）和肌肉组成。其中，骨是运动的杠杆、骨连接（关节）是运动的枢纽、肌肉是运动的动力。肌肉附着于骨上，收缩时以骨连接（关节）为支点，牵引骨骼而产生各种运动。

运动系统的功能主要是：

（1）构成马匹外在的体型；

（2）马匹运动或使役能力的基础；

（3）骨的突起和肌肉可以在体表看到或触摸到，可以作为确定内脏器官位置和进行马匹体尺测量定位的骨性或肌性标志。

图 1-2-1　马全身骨骼（标本）

（一）骨

1. **骨的功能**

骨是一个活器官，有一定的形态和功能，主要由骨组织构成。骨的功能有：

（1）支架与支撑作用。骨与骨连接在一起，形成具有一定形态的支架称为骨骼。骨骼形成马体的坚硬支架，决定马的体形，同时对马匹起到支撑作用。

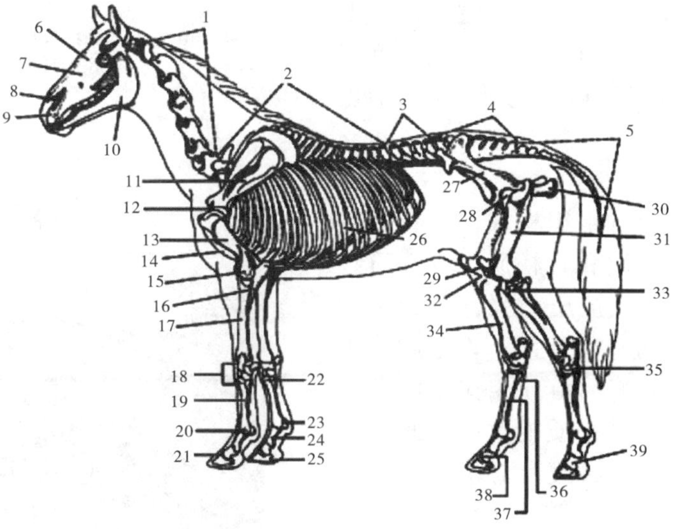

图 1-2-2　马全身骨与骨连接

（引自 http：//jwjxcg. gsau. edu. cn/dwyxy/dwjpx/kzkt. asp？ page=2）

1. 颈椎；2. 胸椎；3. 腰椎；4. 荐椎；5. 尾椎；6. 额骨；7. 上颌骨；8. 鼻骨；9. 切齿骨；10. 下颌骨；11. 肩胛骨；12. 肩关节；13. 肱骨；14. 胸骨；15. 肘关节；16. 尺骨；17. 桡骨；18. 腕关节；19. 掌骨；20. 系关节；21. 蹄关节；22. 掌骨；23. 籽骨；24. 系骨；25. 蹄骨；26. 肋骨；27. 髂骨；28. 髋关节；29. 髌骨；30. 坐骨结节；31. 股骨；32. 膝关节；33. 腓骨；34. 胫骨；35. 跗骨；36. 第二或第四跖骨；37. 跖骨；38. 冠关节；39. 冠骨

（2）支持与保护作用。骨具有坚硬的硬度，构成体腔的外壁，具有支持与保护内脏器官的功能，如骨骼构成颅腔、胸腔及腹腔等保护大脑、心肺及胃肠等内脏器官。

（3）造血功能。红骨髓位于骨髓腔和骨松质的间隙内，具有造血功能。成年马长骨骨髓腔内的红骨髓被富于脂肪的黄骨髓代替，黄骨髓没有造血功能。但是当机体大量失血时，黄骨髓也会暂时转变为红骨髓进行造血。

（4）储存钙、磷的功能。骨基质内含大量的钙盐和磷酸盐，是马匹体内的钙磷库，是钙、磷在体内储存的地方。

（5）运动杠杆功能。骨为肌肉提供附着面，在神经系统作用下，肌肉收缩牵动骨以关节为中心做各种运动。

（6）有改建和再生的能力，如马匹骨折后的恢复是骨再生功能的体现。

（7）有丰富的血管、淋巴管和神经，具有新陈代谢和生长发育的特点。

2. **骨的结构**

骨的结构主要包括骨膜、骨质和骨髓以及附属的血管神经。

（1）骨膜。由致密结缔组织构成，骨膜内含成骨细胞，丰富的血管和神经。骨膜覆盖于除关节外的任何骨表面。其功能主要有：骨膜内的血管给骨组织提供营养；骨膜是致密结缔组织，可以保护骨组织；骨膜内含的成骨细胞可以生成新骨，在骨的生长、改建和修复中起重要作用。因此，在进行骨折手术时要保护骨膜，切不可将其去掉，以免导致骨折无法愈合。

（2）骨质。由骨组织构成，是骨的主要部分，分为骨密质和骨松质。骨密质致密坚硬，重量较大，抗压力强，分布于骨的外周，构成骨的坚硬外部。骨松质位于骨的深部，重量较轻，由互相交错的骨小梁构成。骨密质和骨松质的这种搭配，既保证了骨的坚硬程度，又使骨不至于太过沉重。

（3）骨髓。骨髓分红骨髓和黄骨髓。红骨髓位于骨髓腔内（幼年时期）和骨松质（终身）的间隙内，具有造血机能。成年马长骨骨髓腔内的红骨髓被富于脂肪的黄骨髓代替。当机体大量失血或贫血时，黄骨髓又能转化为红骨髓而恢复造血机能。当骨髓发生病变时会导致血液生成障碍，引起再生障碍性贫血或白血病等疾病。

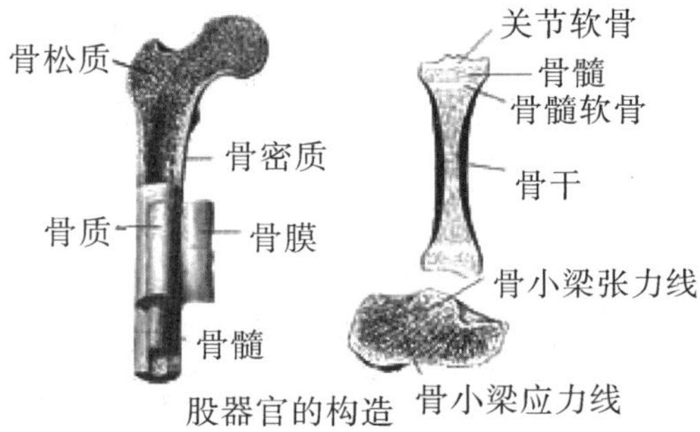

图 1-2-3　骨的结构

（引自 http：//baike. sogou. com/v7595521. htm; jsessionid = 683B1289A816B274F6D74597662DE438. n2）

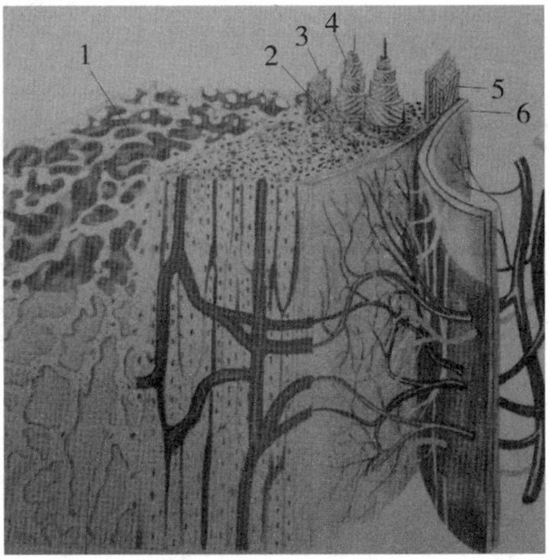

图 1-2-4　骨的构造模式图

（引自韩国才《相马》中国农业出版社 2014 年）

1. 骨小梁；2. 骨间板；3. 内环骨板；4. 哈弗氏系统；5. 外环骨板；6. 骨膜

（4）血管和神经。为骨附近的血管、神经的分支，经骨表面的滋养孔进出骨器官。

3. **骨的性质**

（1）物理性质。骨的最基本的物理特性是具有硬度和弹性。

（2）化学性质。骨的化学成分主要包括无机物和有机物。有机物主要是骨胶原（胶原纤维），在成年马匹中约占 1/3，使骨具有弹性和韧性；无机物主要是钙盐如磷酸钙和碳酸钙，在成年马匹中约占 2/3，使骨具有硬度和脆性。

（3）不同年龄马匹的骨化学性质特点。不同年龄马匹骨的化学成分比例是不同的，幼年马匹骨中有机物比例大于 1/3，所以骨的弹性、韧性大，硬度小，容易弯曲变形。老龄马则相反，其无机物含量较大，比例大于 2/3，导致骨硬度较大而缺乏弹性与韧性，因此脆性较大，易发生骨折。不同年龄马匹的骨化学性质特点参见下表：

表 1-2-1　不同年龄马匹骨化学性质特点

年龄	有机质	无机质	骨特点
老龄马	少	多	硬而脆，易骨折，不易愈合
幼龄马	多	少	柔软有韧性，不易折断，易变形
妊娠或泌乳母马	钙被胎儿吸收和随乳汁排出，无机物减小		易发生软骨病（故对孕期和哺乳期马要注意饲料中多添加钙等。）

4. **马体全身骨骼**

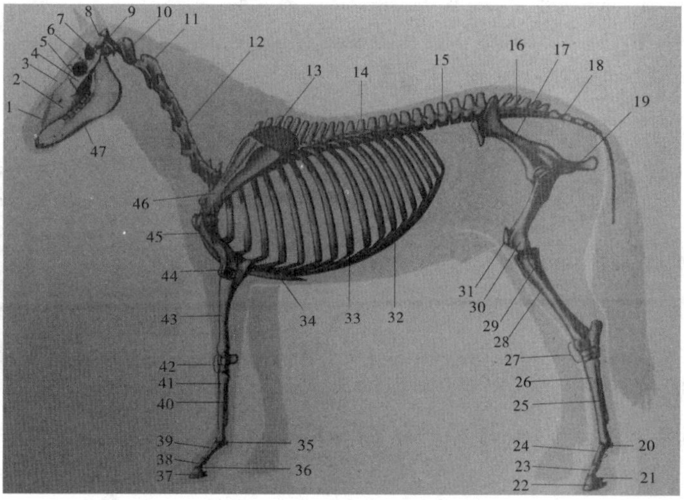

图 1-2-5　马体全身骨骼

（引自韩国才《相马》中国农业出版社 2014 年）

1. 颌前骨；2. 上颌骨；3. 鼻骨；4. 颧骨；5. 泪骨；6. 额骨；7. 颞骨；8. 顶骨；9. 枕骨；10. 寰椎；11. 枢椎；12. 颈椎；13. 肩胛软骨；14. 胸椎；15. 腰椎；16. 荐骨；17. 髂骨；18. 尾椎；19. 坐骨；20. 近侧籽骨；21. 远侧籽骨；22. 蹄骨；23. 冠骨；24. 系骨；25. 第 4 柘骨；26. 第 3 柘骨；27. 跗骨；28. 胫骨；29. 腓骨；30. 股骨；31. 膝盖骨；32. 肋软骨；

33. 肋骨；34. 胸骨；35. 近侧籽骨；36. 远侧籽骨；37. 蹄骨；38. 冠骨；39. 系骨；40. 第4掌骨；41. 第3掌骨；42. 腕骨；43. 桡骨；44. 尺骨；45. 臂骨；46. 肩胛骨；47. 下颌骨

马匹全身的骨骼分为中轴骨和四肢骨。中轴骨又可分为头骨和躯干骨。四肢骨包括前肢骨和后肢骨。

（1）头骨。包括颅骨和面骨。颅骨形成颅腔，对脑组织起到保护作用；面骨主要构成鼻腔、口腔和面部的支架。

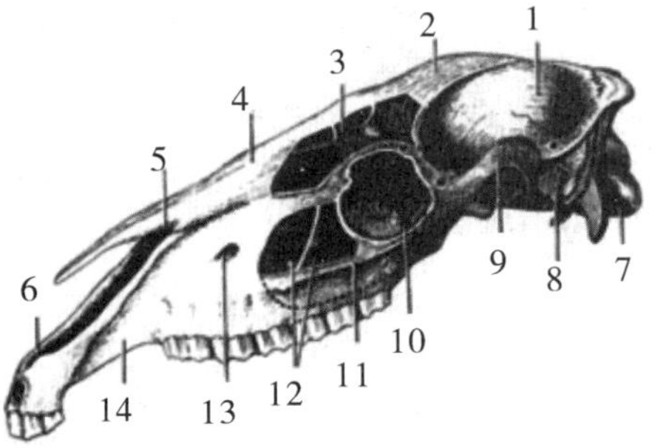

图1-2-6 马头骨

（引自 http：//jwjxcg. gsau. edu. cn/dwyxy/dwjpx/kzkt. asp？page=2）

1. 颞骨；2. 额骨；3. 额窦；4. 鼻骨；5. 鼻颌切迹；6. 切齿骨；7 枕骨；8. 外耳道；9. 颧弓；10. 眼眶；11. 面脊；12. 上颌窦；13. 眶下孔；14. 上颌骨

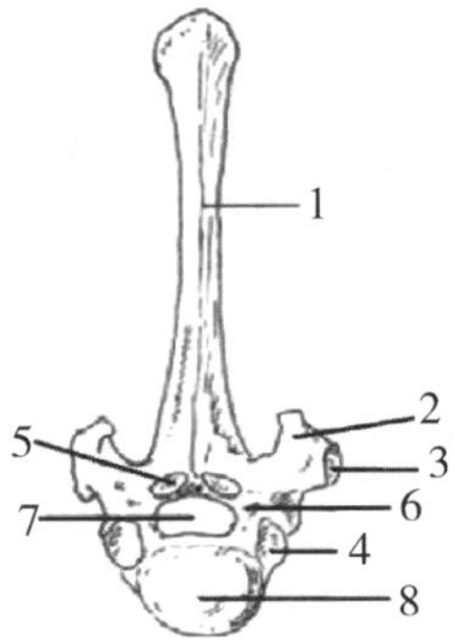

图1-2-7 马胸椎

（引自 http：//jwjxcg. gsau. edu. cn/dwyxy/dwjpx/kzkt. asp？page=2）

1. 棘突；2. 横突；3. 小关节面；4. 前肋凹；5. 关节前突；6. 椎弓；7. 椎孔；8. 椎头

（2）躯干骨。包括椎骨、肋骨和肋软骨以及胸骨，构成马体躯干骨架。椎骨数目众多，按位置分为颈椎7块，胸椎18块，腰椎6块，荐椎5块以及数目不等（14~21块）的尾椎。马匹的脊柱式为：C7T18L6S5Cy14-21。

肋骨是弓形长骨，左右成对，总共18对。每一肋骨的下端接一肋软骨，经肋软骨与胸骨相接，构成胸廓的侧壁，对心肺等内脏器官起到保护作用。

胸骨位于胸底部，由数个胸骨节片借软骨连接而成。

（3）前肢骨。包括肩胛骨、肱骨、前臂骨和前脚骨。

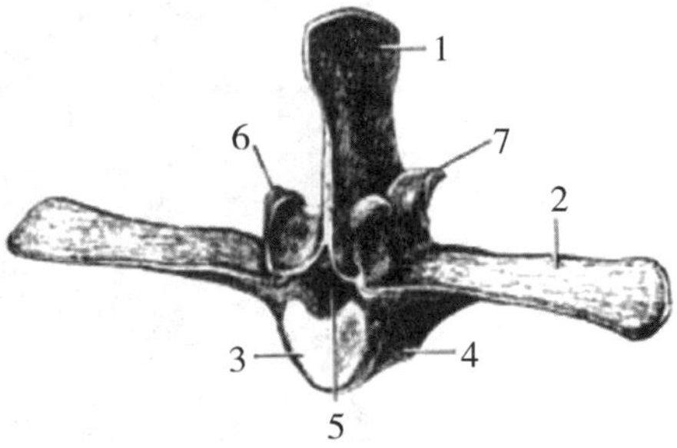

图1-2-8 马腰椎

（引自 http：//jwjxcg. gsau. edu. cn/dwyxy/dwjpx/kzkt. asp？page=2）

1. 棘突；2. 横突；3. 椎头；4. 椎体；5. 椎孔；6. 前关节突；7. 后关节突

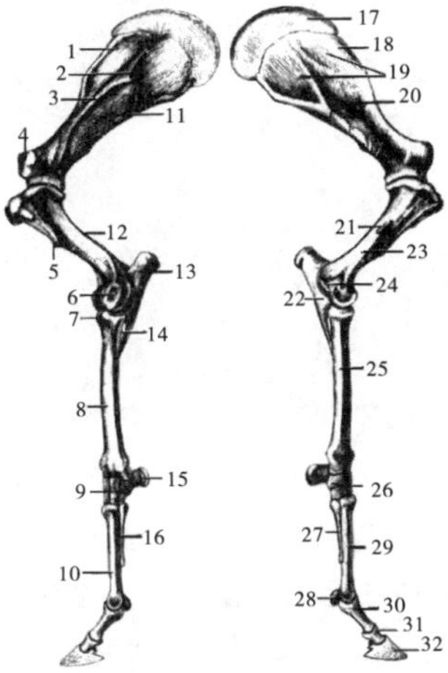

图 1-2-9　马前肢骨

（引 自 http：//jwjxcg. gsau. edu. cn/dwyxy/dwjpx/kzkt. asp？ page＝2）

1. 冈上窝；2. 冈结节；3. 肩胛冈；4. 肩胛结节；5. 三角肌粗隆；6. 韧带窝；7. 桡骨结节；8. 桡骨；9. 腕骨；10. 第三掌骨；11. 冈下窝；12. 臂二头肌沟；13. 尺骨头；14. 尺骨；15. 副腕骨；16. 第四掌骨；17. 肩胛软骨；18. 肩胛骨；19. 锯肌面；20. 肩胛下窝；21. 大圆肌粗隆；22. 尺骨；23. 肱骨；24. 内侧髁；25. 掌骨；26. 腕骨；27. 第四掌骨；28. 近籽骨；29. 第二掌骨；30. 系骨；31. 冠骨；32. 蹄骨

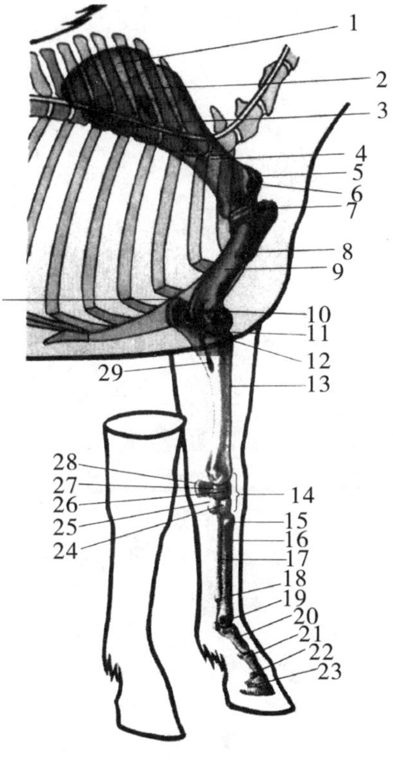

图 1- 2-10　前肢骨内侧

（引自韩国才《相马》中国农业出版社 2014 年）

1. 肩胛软骨；2. 锯肌面；3. 肩胛下窝；4. 肩胛骨；5. 肩胛结节；6. 乌喙突；7. 臂二头肌沟；8. 圆肌结节；9. 臂骨；10. 内上髁；11. 桡骨隆起；12. 尺骨；13. 桡骨；14. 腕骨；15. 掌骨隆起；16. 第 3 掌骨；17. 第 2 掌骨；18. 第 2 掌骨下端；19. 近侧籽骨；20. 系骨；21. 冠骨；22. 远侧籽骨；23. 蹄骨；24. 第 3 腕骨；25. 第 2 腕骨；26. 中间腕骨；27. 桡侧腕骨；28. 副腕骨；29. 前臂骨间隙；30. 肘结节

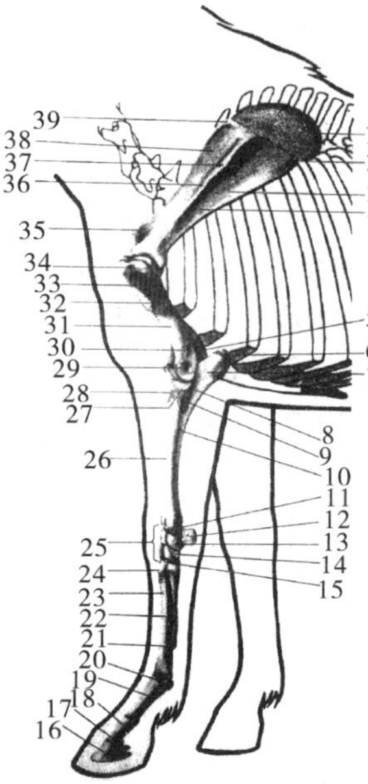

1. 肩胛软骨；2. 肩胛骨后角；3. 冈下窝；4. 肩胛骨；5. 肘窝；6. 肘结节；7. 肘突；8. 尺骨；
9. 前臂骨间隙；10. 桡骨；11. 中间腕骨；12. 副腕骨；13. 尺侧腕骨；14. 第4腕骨；15. 第3腕骨；16. 蹄骨；17. 远侧籽骨；18. 冠骨；19. 系骨；20. 近侧籽骨；21. 第4掌骨下端；22. 第4掌骨；23. 第3掌骨；24. 掌骨隆起；25. 腕骨；
26. 前臂骨；27. 外侧韧带结节；28. 桡骨隆起；
29. 臂骨外上髁；30. 外上髁脊；31. 臂肌沟；
32. 三角肌隆起；33. 臂骨；34. 臂骨大结节；
35. 肩胛结节；36. 肩胛冈；37. 冈结节；38. 冈上窝；39. 肩胛骨前角

图 1-2-11　前肢骨外侧

（引自韩国才《相马》中国农业出版社 2014 年）

（4）后肢骨。包括髋骨、股骨、膝盖骨、小腿骨和后脚骨。

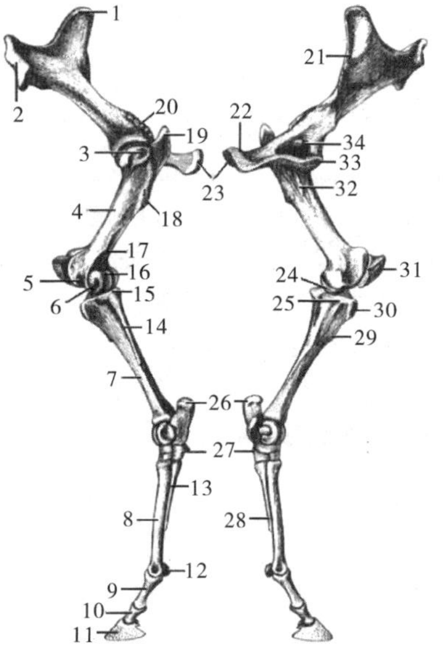

图 1-2-12　马后肢骨

（引自 http：//jwjxcg. gsau. edu. cn/dw-yxy/dwjpx/kzkt. asp？ page=2）

1. 荐结节；2. 髋结节；3. 中专子；4. 股骨；
5. 滑车；6. 腘肌窝；7. 胫骨；8. 第三掌骨；
9. 系骨；10. 冠骨；11. 蹄骨；12. 近籽骨；
13. 第四掌骨；14. 腓骨；15. 外侧髁；
16. 髁间窝；17. 髁上窝；18. 第三转子；
19. 大转子；20. 髋臼；21. 髂骨翼；22. 坐骨；23. 坐骨弓；24. 内侧髁；25. 外侧髁；26. 跟骨；27. 距骨；28. 骨间隙；29. 胫骨嵴；30. 腓骨；31. 髌骨；32. 腘肌线；33. 坐骨结节；34. 闭孔

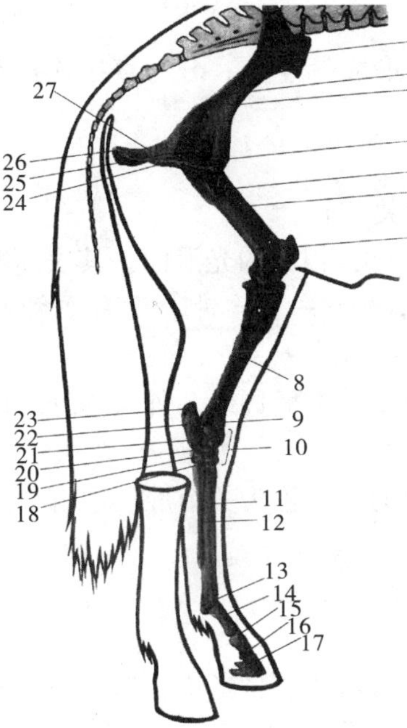

图 1-2-13　后肢骨内侧

（引自韩国才《相马》中国农业出版社 2014 年）

1. 髂骨翼；2. 腰肌结节；3. 髂骨；4. 耻骨；5. 小转子；6. 肌骨；7. 膝盖骨；8. 胫骨；9. 内髁；10. 跌骨；11. 第 3 柘骨；12. 第 2 柘骨；13. 近侧籽骨；14. 系骨；15. 冠骨；16. 远侧籽骨；17. 蹄骨；18. 第 3 跌骨；19. 第 2 跌骨；20. 中央跌骨；21. 距骨；22. 跟骨；23. 跟结节；24. 骨盆联合；25. 闭孔；26. 坐骨结节；27. 坐骨

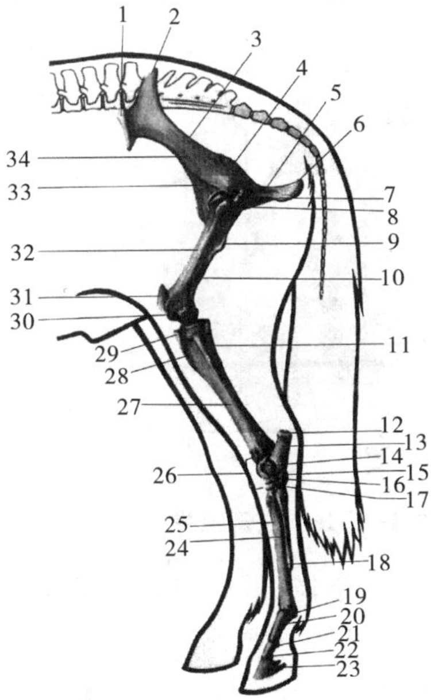

图 1-2-14　后肢骨外侧

（引自韩国才《相马》中国农业出版社 2014 年）

1. 髋结节；2. 荐结节；3. 坐骨大切迹；4. 坐骨棘；5. 坐骨小切迹；6. 坐骨结节；7. 大转子；8. 中转子；9. 第三转子；10. 髁上窝；11. 腓骨；12. 跟结节；13. 跟骨；14. 距骨；15. 第 4 跗骨；16. 中央跗骨；17. 第 3 跗骨；18. 第 4 柘骨下端；19. 近侧籽骨；20. 系骨；21. 冠骨；22. 远侧籽骨；23. 蹄骨；24. 第 4 柘骨；25. 第 3 柘骨；26. 跗骨；27. 胫骨；28. 胫骨脊 29. 胫骨隆起；30. 伸肌窝；31. 膝盖骨；32. 股骨；33. 股直肌窝；34. 髋骨

（二）骨连接

骨与骨之间借纤维结缔组织、软骨或骨组织相连，形成骨连接。分为直接连接和间接连接，其中间接连接又称为关节。

1. 关节的基本结构

关节的基本结构包括三个方面：关节面、关节囊和关节腔。

（1）关节面和关节软骨。关节面是指形成关节的骨与骨相对的光滑面，其表面覆盖有一层透明软骨称关节软骨，可减少运动时的冲击和磨擦。关节软骨上没有血管和神经分布。

（2）关节囊。关节囊是由结缔组织构成的膜，附着于关节面周缘。外层为纤维层，有保护作用，内层为滑膜层，分泌滑液。

（3）关节腔。关节囊的滑膜层与关节软骨围成密闭的腔隙称为关节腔。内有少量淡黄色的滑液，有润滑作用。

2. 关节的附属结构

关节的附属结构包括血管、神经、韧带等。

（1）血管和神经：是来自附近血管、神经的分支，营养关节各结构，但不分布于关节软骨。

（2）韧带：致密结缔组织构成的纤维带，主要对关节起到稳固的作用。

3. 马体基本关节

马体基本关节分为前肢关节及后肢关节。

（1）前肢关节：包括肩关节、肘关节、腕关节和指关节。指关节由系关节（球节）、冠关节和蹄关节组成。

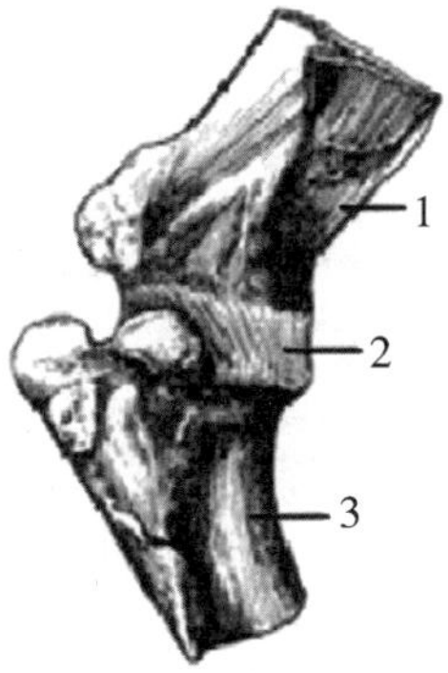

图 1-2-15　左侧肩关节

（引自 http：//jwjxcg. gsau. edu. cn/dwyxy/dwjpx/kzkt. asp？page=2）

1. 肩胛骨；2. 关节囊；3. 臂骨

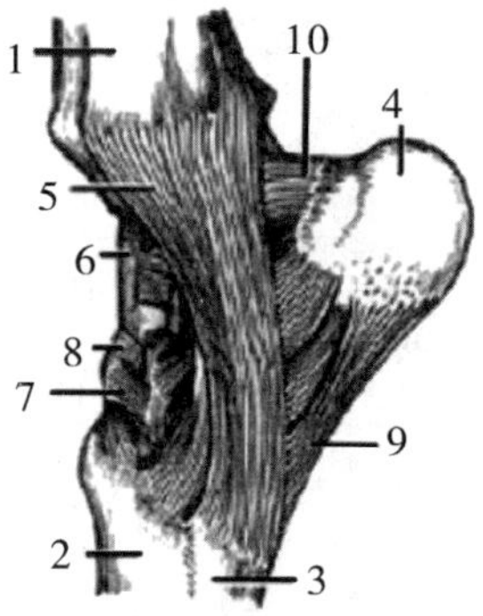

图 1-2-16　左侧腕关节

（引自 http：//jwjxcg. gsau. edu. cn/dwyxy/dwjpx/kzkt. asp？page=2）

1. 桡骨；2. 第三掌骨；3. 第四掌骨；4. 副腕骨；5. 外侧韧带；6. 中间腕骨；7. 骨间韧带；8. 第三腕骨；9 & 10. 副腕骨韧带

（2）后肢关节：包括荐髂关节、髋关节、膝关节、跗关节（飞节）和趾关节。趾关节也分为系关节、冠关节和蹄关节。

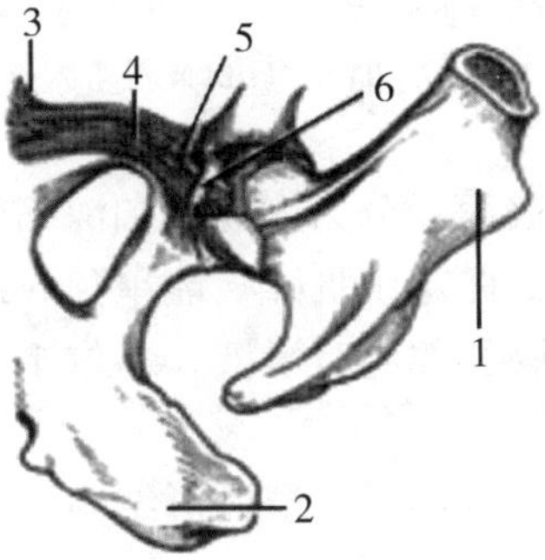

图 1-2-17 左侧髋关节

（引自 http：//jwjxcg. gsau. edu. cn/dwyxy/dwjpx/kzkt. asp？page=2）

1. 股骨；2. 坐骨；3. 耻前腱；4. 副韧带；5. 圆韧带；6. 横韧带

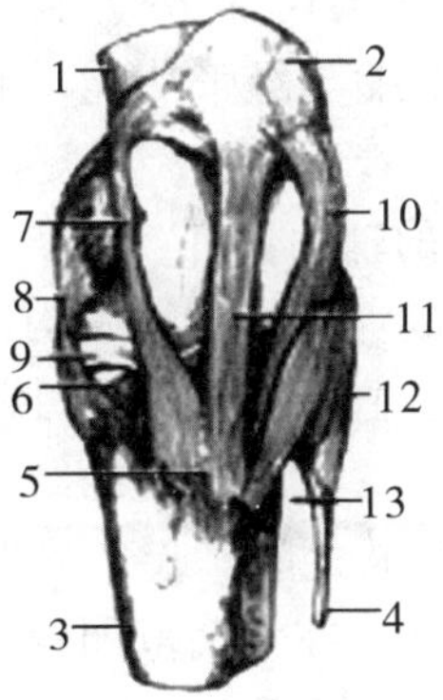

图 1-2-18 左侧膝关节

（引自 http：//jwjxcg. gsau. edu. cn/dwyxy/dwjpx/kzkt. asp？page=2）

1. 股骨；2. 髌骨；3. 胫骨；4. 腓骨；5. 胫骨结节；6. 内侧髁；7. 膝内侧直韧带；8. 股胫内侧韧带；9. 内侧半月板；10. 膝外侧直韧带；11. 膝中直韧带；12. 股胫外侧韧带；13. 小腿骨间隙

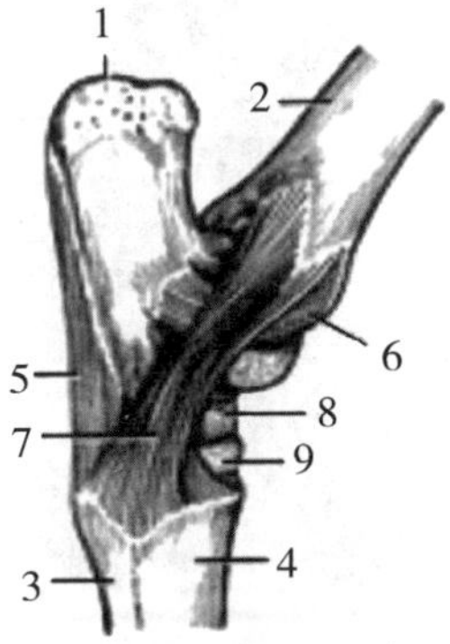

图 1-2-19 右侧跗关节（飞节）

（引自 http：//jwjxcg. gsau. edu. cn/dwyxy/dwjpx/kzkt. asp？page=2）

1. 跟结节；2. 胫骨；3. 第四跖骨；4. 第三跖骨；5. 跖侧韧带；6. 外侧短韧带；7. 外侧长韧带；8. 中央跗骨；9. 第三跗骨

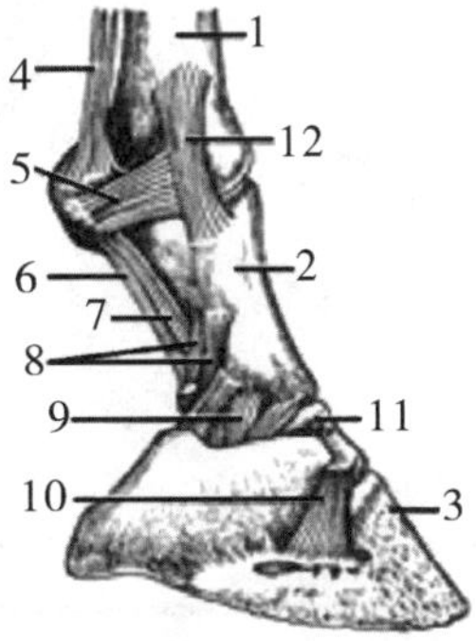

图 1-2-20 右侧指关节

（引自 http：//jwjxcg. gsau. edu. cn/dwyxy/dwjpx/kzkt. asp？page=2）

1. 第三掌骨；2. 系骨；3. 蹄骨；4. 悬韧带；5. 籽骨侧韧带；6. 籽骨直韧带；7. 籽骨斜韧带；8. 掌侧韧带；9. 冠关节侧韧带；10. 蹄关节侧韧带；11. 冠骨

（三）肌肉

1. 肌肉的构造

运动系统所描述的肌肉特指骨骼肌，其附着于骨骼上，是运动的动力部分。每一块肌肉就是一个肌器官，可分为能收缩的肌腹和不能收缩的肌腱两部分。肌腹由肌纤维构成，具有一定的收缩与舒张功能。肌腱为肌腹两端的致密结缔组织，一端借肌内膜连于肌纤维，另一端附着于骨上。肌腱没有收缩能力，但有很强的坚韧性和抗张力。

2. 肌肉的辅助器官

（1）筋膜：由结缔组织构成，覆盖在全身肌肉的表面，分为浅筋膜和深筋膜。提供肌肉的附着面，主要起保护、固定肌肉位置的作用，并使肌肉（肌群）能单独收缩。

（2）黏液囊：是封闭的结缔组织，囊壁内衬有滑膜，腔内有滑液。多位于骨的突起与肌肉、腱和皮肤之间，起到减少摩擦的作用。

（3）腱鞘：在活动范围较大的关节处，由黏液囊卷折形成双层筒形结构，包在肌腱的外面，以减少肌腱活动时的摩擦。

3. 马体全身肌肉的组成

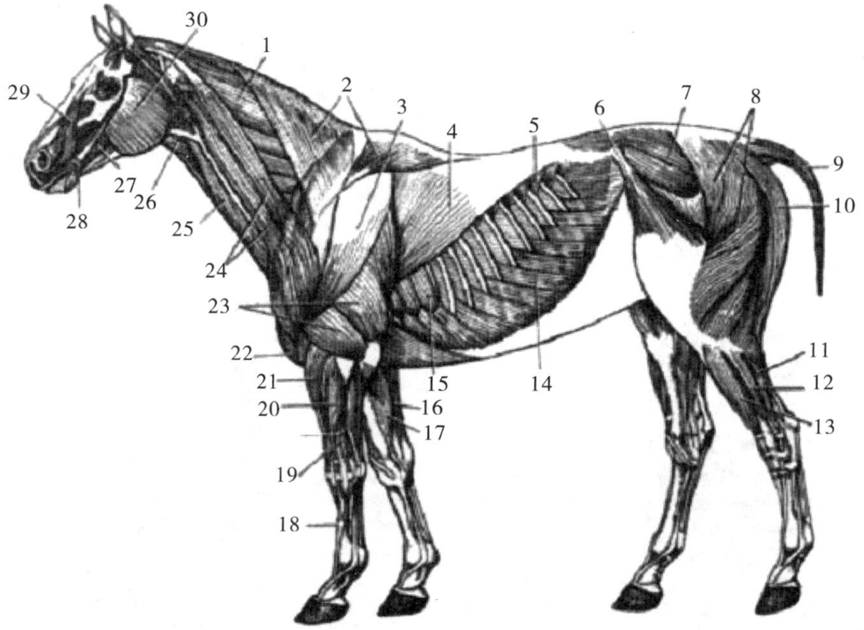

图 1-2-21　马体全身肌肉

（引自 http：//jwjxcg. gsau. edu. cn/dwyxy/dwjpx/kzkt. asp？ page＝2）

1. 夹肌；2. 斜方肌；3. 三角肌；4. 背阔肌；5. 后上锯肌；6. 股阔筋膜张肌；7. 臀中肌；8. 股二头肌；9. 尾肌；10. 半腱肌；11. 趾深屈肌；12. 趾外侧伸肌；13. 趾长伸肌；14. 腹外斜肌；15. 下锯肌；16. 腕尺侧屈肌；17. 腕桡侧屈肌；18. 指总伸肌腱；19. 腕斜伸肌；20. 指外侧伸肌；21. 指总伸肌；22. 腕桡侧伸肌；23. 胸浅前肌；24. 臂三头肌；25. 臂头肌；26. 胸头肌；27. 肩胛舌骨肌；28. 颊肌；29. 口轮匝肌；30. 咬肌

（1）头部肌：分为面部肌和咀嚼肌。

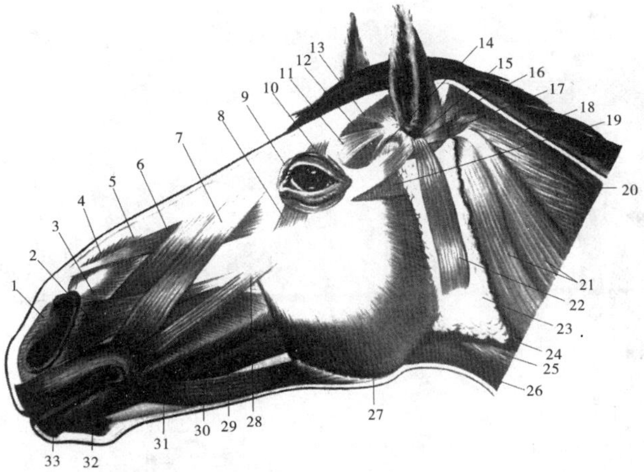

图 1-2-22 头部浅层肌

（引自韩国才《相马》中国农业出版社 2014 年）

1. 鼻横肌；2. 犬齿肌；3. 鼻孔腹侧开肌；4. 鼻孔背侧开肌；5. 鼻孔后开肌；6. 上唇固有提肌；7. 鼻唇提肌；8. 下睑降肌；9. 睑轮匝肌；10. 皱眉肌；11. 额盾肌；12. 颞肌；13. 盾间肌；14. 颞盾肌；15. 耳外收肌；16. 耳长提肌；17. 耳长展肌；18. 颊肌；19. 咬肌；20. 颈菱形肌；21. 臂头肌；22. 耳腹侧肌；23. 腮腺；24. 颈静脉；25. 胸头肌；26. 肩胛舌骨肌与胸骨舌骨肌；27. 咬肌（外层）；28. 颧肌；29. 颊肌；30. 下唇降肌；31. 唇皮肌；32. 颌肌；33. 口轮匝肌

（2）躯干肌：包括脊柱肌、胸廓肌和腹壁肌等。

（3）前肢肌：分为肩带肌、肩部肌、臂部肌、前臂部肌和前脚部肌。

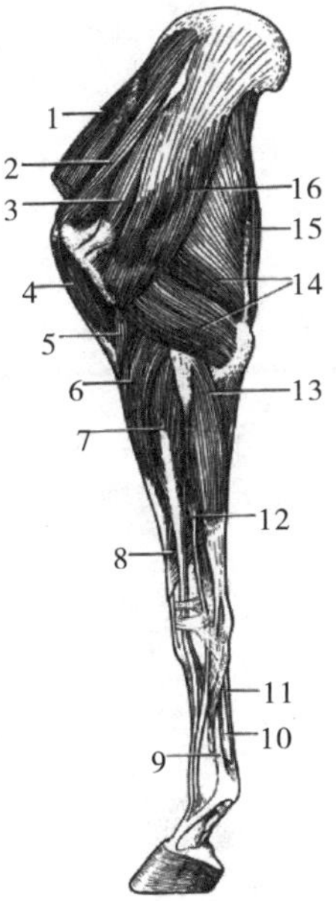

图 1-2-23 左前肢外侧肌

（引自 http：//jwjxcg. gsau. edu. cn/dwyxy/dwjpx/kzkt. asp？page=2）

1. 背阔肌；2. 大圆肌；3. 前臂筋膜张肌；4. 臂三头肌；5. 腕尺侧屈肌；6. 腕桡侧屈肌；7. 指浅屈肌腱；8. 指深屈肌头；9. 指深屈肌腱；10. 悬韧带；11. 肩胛下肌；12. 胸深前肌；13. 冈上肌；14. 胸深后肌；15. 喙臂肌；16. 臂二头肌；17. 臂肌；18. 腕桡侧伸肌；19. 腕斜伸肌腱；20. 指总伸肌腱

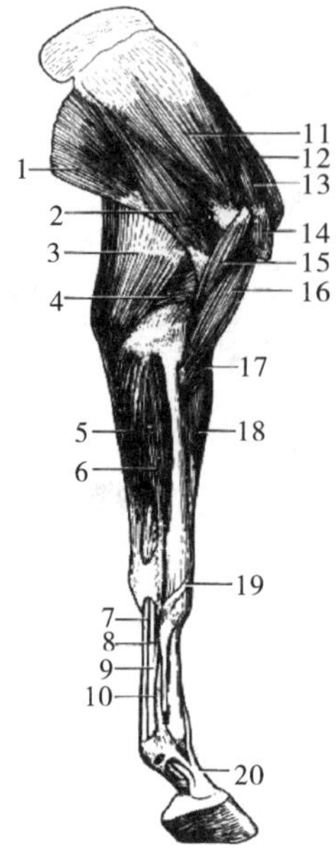

1. 背阔肌；2. 大圆肌；3. 前臂筋膜张肌；
4. 臂三头肌；5. 腕尺侧屈肌；6. 腕桡侧屈肌；
7. 指浅屈肌腱；8. 指深屈肌头；9. 指深屈肌腱；
10. 悬韧带；11. 肩胛下肌；12. 胸深前肌；
13. 冈上肌；14. 胸深后肌；15. 喙臂肌；
16. 臂二头肌；17. 臂肌；18. 腕桡侧伸肌；
19. 腕斜伸肌腱；20. 指总伸肌腱

图 1-2-24　左前肢内侧肌

（引自 http：//jwjxcg. gsau. edu. cn/dwyxy/dwjpx/kzkt. asp？page=2）

（4）后肢肌：分为臀部肌、股部肌、小腿和后脚部肌。

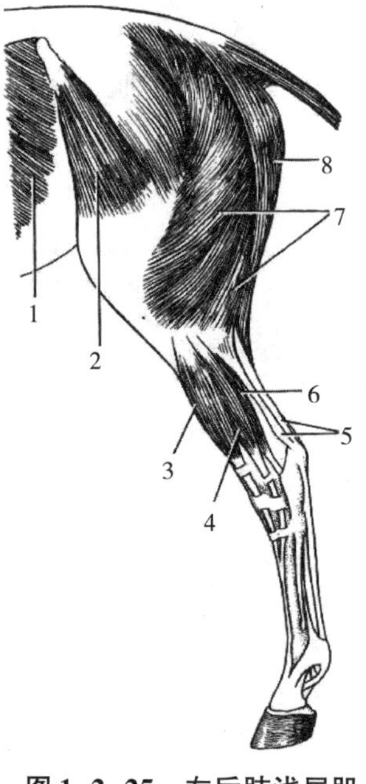

1. 腹外斜肌；2. 股四头肌；3. 趾长伸肌；
4. 趾外侧伸肌；5. 跟腱；6. 趾深屈肌；
7. 臀股二头肌；8. 半腱肌

图 1-2-25　左后肢浅层肌

（引自 http：//jwjxcg. gsau. edu. cn/dwyxy/dwjpx/kzkt. asp？page=2）

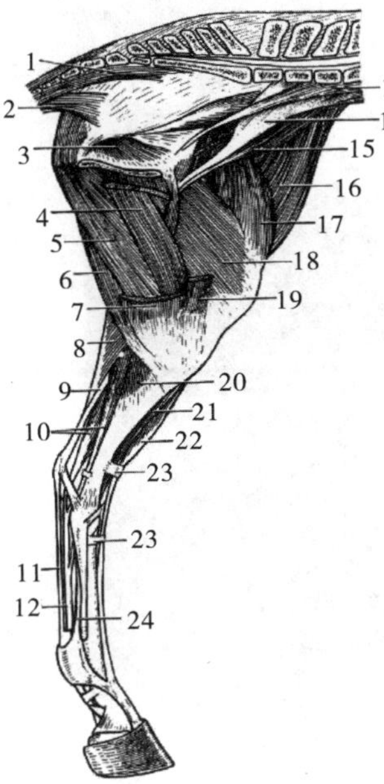

图 1-2-26　左后肢内侧肌

（引自 http：//jwjxcg. gsau. edu. cn/dw-yxy/dwjpx/kzkt. asp？ page=2）

1. 荐尾下内侧肌；2. 尾肌；3. 股薄肌；
4. 内收肌；5. 半膜肌；6. 半腱肌；
7. 股阔筋膜张肌；8. 腓肠肌；9. 趾浅屈肌；
10. 趾深屈肌；11. 趾浅屈肌腱；12. 趾深屈肌腱；
13. 腰小肌；14. 髂腰肌；15. 髂腰肌腱；
16. 股阔筋膜张肌；17. 股四头肌；18. 内收肌；
19. 缝匠肌；21. 胫骨前肌；22. 趾长伸肌；
23. 腱鞘；24. 趾深屈肌腱

二、消化系统解剖生理特点

消化系统的主要功能包括采食、咀嚼、吞咽、分泌、消化、吸收和排泄，其各部分的功能相互联系，相互影响，在马匹生命活动中具有重要意义。消化系统疾病是马匹最常见的疾病，发病率占到马匹内科疾病的一半以上。这与马匹消化系统解剖生理特点有关。马匹消化系统解剖生理有以下特点：

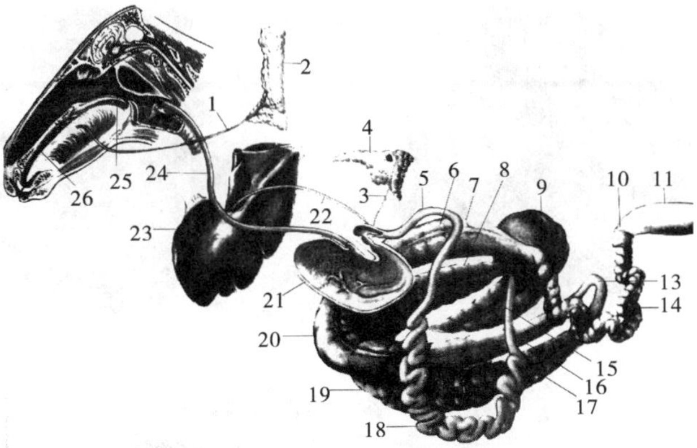

图 1-2-27　马匹消化系统模式图

（引自韩国才《相马》中国农业出版社 2014 年）

1. 腮腺管；2. 腮腺；3. 胰管；4. 胰；5. 十二指肠；6. 右上大结肠；7. 胃状膨大部；8. 右下

大结肠；9. 盲肠；10. 直肠狭窄部；11. 直肠；12. 肛门；13. 骨盆曲；14. 小结肠；15. 回肠；16. 左上大结肠；17. 左下大结肠；18. 空肠；19. 胸骨曲；20. 膈曲；21. 胃；22. 肝管；23. 肝；24. 食管；25. 咽；26. 口腔

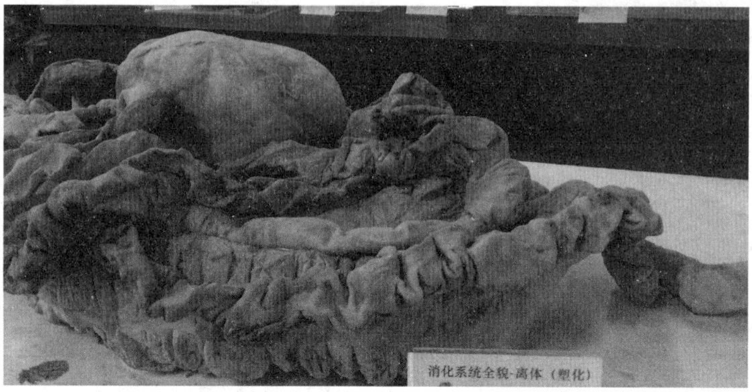

图 1-2-28　马匹消化系统标本（塑化）

（一）马匹消化系统解剖特点

其一，马匹牙齿坚硬发达，咀嚼肌发达，有灵活的上下唇。坚硬发达的牙齿，强壮的咀嚼肌使马匹能采食、咀嚼粗硬的饲料，灵活的嘴唇使马匹采食容易。因此，马匹采食范围比较宽，从柔软的青草到坚硬的树枝、树皮、秸秆都能接受。摄入食物的多样性特别是摄入过多粗硬的食物易导致马匹出现消化不良等消化系统疾病。

其二，马匹口裂较小。马匹口裂较小导致其每一次进食动作摄入的食量有限。因此，饲喂马匹时应少量多次饲喂。

其三，马为单胃，胃容积小，约为其消化道总容积的 8.5%，相当于牛胃的八分之一至七分之一。马匹单胃，胃容积小的解剖特点导致其单次进食量有限，因此，马匹要少量多次地饲喂，每次喂食量不能太多，防止胃急性胀大，发生急性胃扩张等胃部疾病。

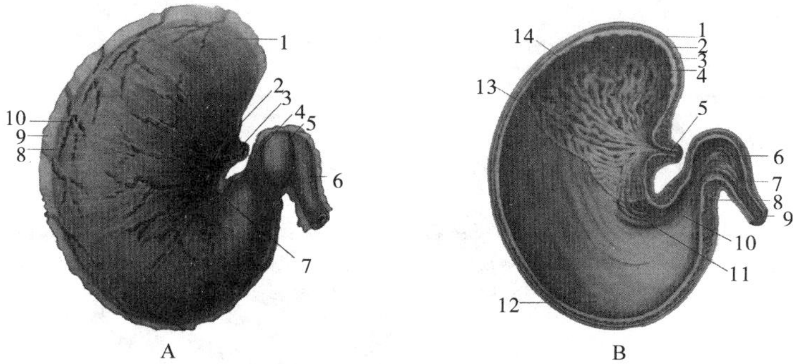

图 1-2-29　马胃与胃黏膜

（引自韩国才《相马》中国农业出版社 2014 年）

A

1. 胃盲囊；2. 胃左动脉、静脉后支；3. 喷门；4. 胃右动脉；5. 胃网膜右动脉、静脉；6. 十二指肠；7. 小湾；8. 大湾；9. 大网膜；10. 脾动脉、静脉胃支

B

1. 浆膜；2. 肌层；3. 黏膜下层；4. 黏膜；5. 喷门；6. 十二指肠乳头；7. 幽门；8. 幽门窦；9. 十二指肠；10. 幽门腺区；11. 贲门腺区；12. 胃底腺区；13. 褶缘；14. 无腺部

其四，马胃贲门括约肌发达，而呕吐神经不发达，故不能喂易酵解产气的饲料，防止发生急性胃扩张等疾病。

其五，马的肠道发达，相对容积大，是马消化吸收的主要场所。马匹肠道总长度达到33米左右，总容积达到200升左右，可以容纳大量的食物，是马匹消化吸收的主要部位。

其六，马匹盲肠发达，是主要的消化器官。与人类小肠是主要的营养吸收器官不同的是，马匹小肠不是很发达。而盲肠是马的重要消化器官，素有“发酵罐”之称。盲肠和结肠容积大约占肠道总容积的62%左右，寄生着大量可以分解纤维的微生物菌群，马匹食物中80%左右的纤维在结肠、盲肠中完成消化吸收。

图 1-2-30　马胃（塑化标本）

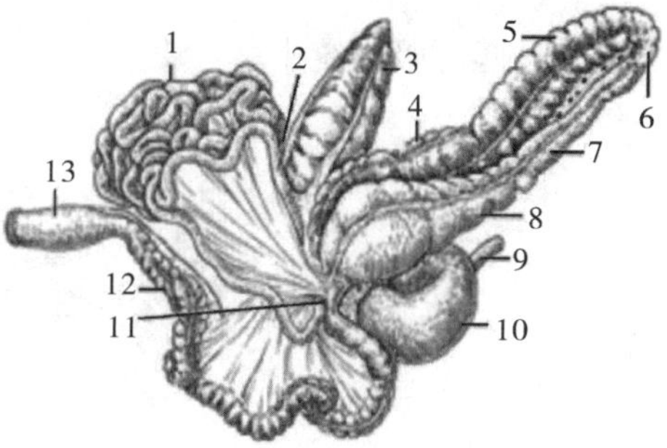

图 1-2-31　马肠道模式图

（引自 http：//jwjxcg. gsau. edu. cn/dwyxy/dwjpx/kzkt. asp？page=2）

1. 空肠；2. 回肠；3. 盲肠；4. 右下结肠；5. 左下结肠；6. 骨盆区；7. 左上结肠；8. 右上结肠；9. 食管；10. 胃；11. 十二指肠；12. 小结肠；13. 直肠

其七，马匹各段肠管内径粗细不均。马匹各段肠管内径粗细不均，尤以相邻肠管的结合部更为明显，如盲结口、回盲口、结肠起始部更细。这导致食物残渣在通过这些相邻肠管间结合部时非常容易滞留，引起肠道阻塞。所以马匹饲养管理或使役不当，非常易引起肠道阻塞或大便秘结等肠道疾病。

（二）马匹消化系统生理特点

其一，马匹消化腺分泌功能旺盛。马匹消化腺代谢旺盛，每天可分泌唾液、胃液、胰液、肠液及胆汁等消化液达70~80升。这一方面导致马匹消化功能强大，采食量较大，需要按时饲喂；另一方面也导致马匹容易发生机体缺水的症状，因此，马匹要保证充足的饮水。

其二，饲料在马胃中停留的时间较短。由于马匹胃的容积很小，导致食物在胃中停留的时间较短，由胃向肠道转移快，消化吸收能力强。再加上马匹体格庞大，运动或使役消耗能量多，导致马匹能量需求大，所以喂马饲料要体积小，营养全面，采取少喂勤添的办法。

其三，食物在消化道内滞留时间、消化率等因马的日粮结构、活动状态不同而有差异。一般来说，纯饲草食物在马匹肠道内滞留时间比混合料食物在肠道内滞留时间要短。

图 1-2-32　马匹肠道塑化标本

有实验证明其滞留时间分别为：32.3 小时和 41.6 小时。另外，马匹活动度越大，食物在肠道内滞留时间越短，因此，对于运动马匹要增加饲喂次数。

三、呼吸系统解剖生理特点

马匹呼吸系统由鼻、喉、气管、支气管、肺泡、胸膜、胸廓及膈组成。其解剖特点包括：

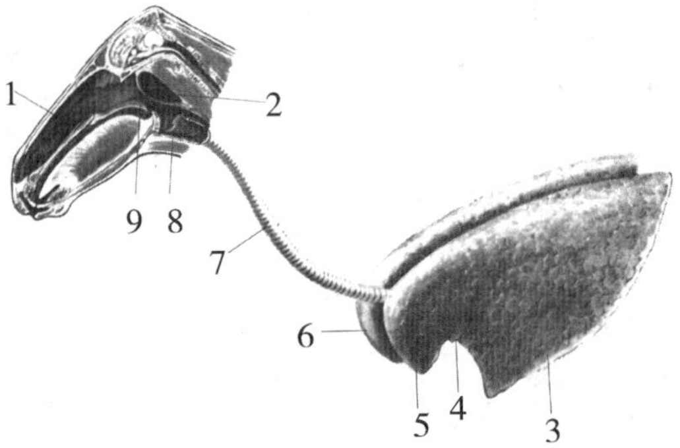

图 1-2-33　马匹呼吸系统模式图

（引自韩国才《相马》中国农业出版社 2014 年）

1. 鼻腔；2. 喉囊；3. 心隔叶；4. 心切迹；5. 尖叶；6. 肺；7. 气管；8. 喉；9. 咽

其一，由于呼吸系统直接与外界相通，每天都会有大量空气进入气管与肺部，这就使外界环境中的细菌或病毒，以及其他病原微生物容易侵入马匹气管或肺部，导致呼吸系统疾病。

其二，呼吸器官通过血液循环与全身组织器官相通，这就使全身各器官组织发生的炎症或肿瘤也可以传播到气管、肺部，导致呼吸系统的继发感染或肿瘤。

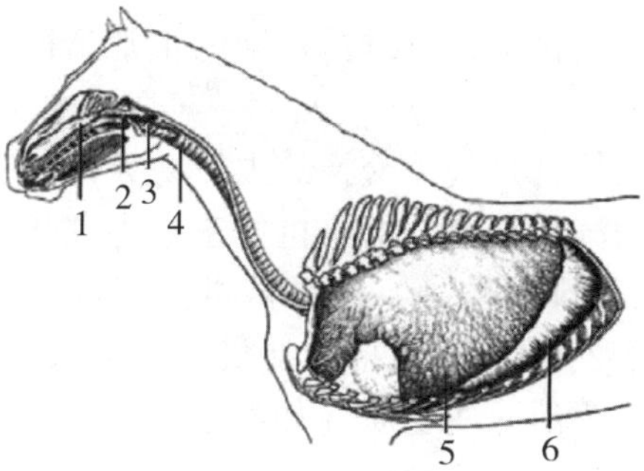

图 1-2-34　呼吸系统模式图

（引自 http：//jwjxcg. gsau. edu. cn/dwyxy/dwjpx/kzkt. asp？ page=2）

1. 鼻腔；2. 咽；3. 喉；4. 气管；5. 肺；6. 膈

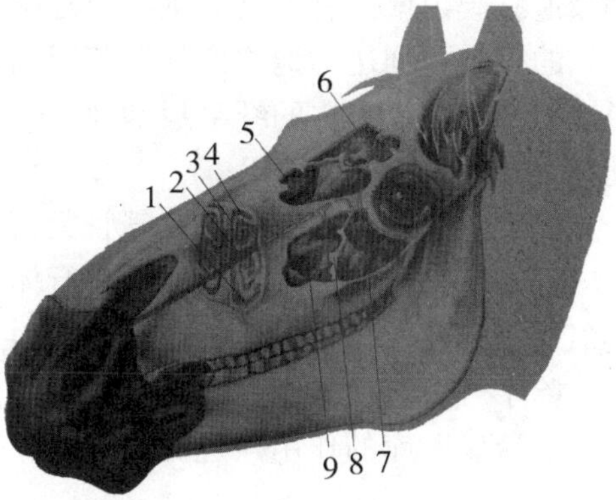

图 1-2-35　马鼻

（引自韩国才《相马》中国农业出版社 2014 年）

1. 下鼻道；2. 中鼻道；3. 总鼻道；4. 上鼻道；5. 上鼻甲窦；6. 额窦；7. 上颌窦后室；8. 上颌窦隔；9. 上颌窦前室

鼻腔是气体进入马匹呼吸道的门户，具有嗅觉、空气过滤、清除微粒的作用。黏膜上皮有黏液腺，随空气进入的微粒将被黏液腺分泌的黏液粘附通过咳嗽而被清除，防止空气中的灰尘和异物进入呼吸道，保证了空气洁净。进入的冷空气也将被加温，起到良好的温度调节作用。

喉由环状软骨组成喉腔，具有发声和阻止异物进入，保证气体进出的功能，是空气进入的门户。

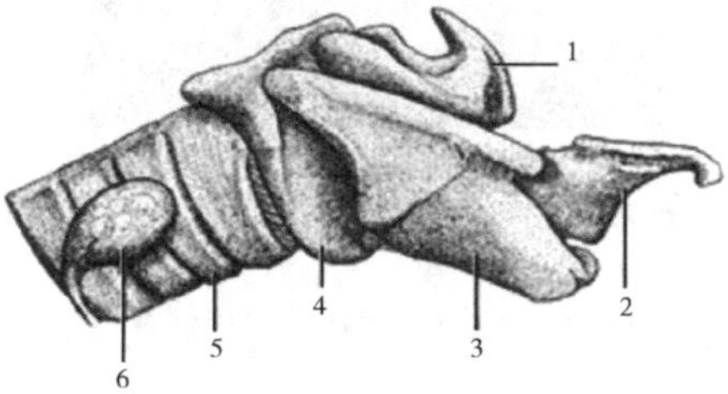

图 1-2-36　马喉软骨

（引自 http：//jwjxcg. gsau. edu. cn/dwyxy/ dwjpx/kzkt. asp？ page=2）

1. 杓状软骨；2. 会厌软骨；3. 甲状软骨；4. 环状软骨；5. 气管软骨环；6. 甲状腺

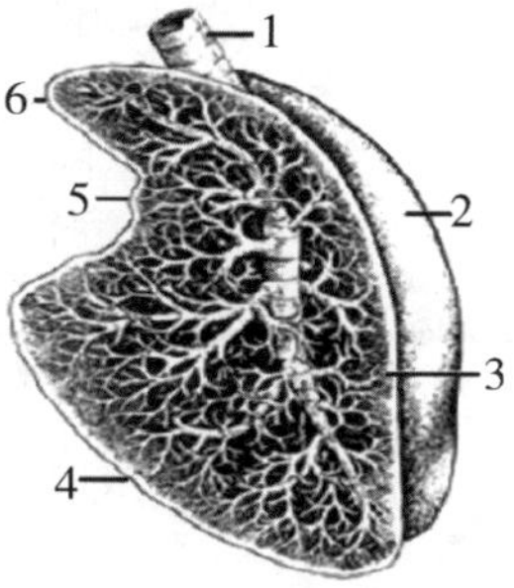

图 1-2-37　马肺模式图

（引自 http：//jwjxcg. gsau. edu. cn/dwyxy/dwjpx/kzkt. asp？ page=2）

1. 气管；2. 右肺；3. 左肺；4. 心膈叶；5. 心切迹；6. 尖叶

气管是由许多气管环和气管肌肉组成一个长的管腔，其黏膜上有纤毛和黏液腺。既保证空气进出，又通过纤毛逆蠕动，阻止微粒进入并排出异物。马匹呼吸道是一个较长的管道，软骨具有支架作用，且有弹性，使管腔保持开放状态，以维持呼吸功能的正常进行。

呼吸道黏膜内壁具有丰富的毛细血管网，并有黏液腺分泌黏液，使呼吸道保持湿润，保证吸入的空气在到达肺泡之前加温和湿润，以减少对肺泡的刺激。对吸入空气中的尘埃通过鼻毛阻挡、黏膜上皮的纤毛运动及喷嚏和咳嗽，将其排出，以维持肺泡的正常结构和生理功能。

肺脏：左右各一，肺与支气管紧密相连形成一体，是气体交换的主要场所。

马匹呼吸器官的主要功能是进行体内外之间的气体交换，即将机体正常生理活动所需的氧气吸入体内，将机体新陈代谢产生的二氧化碳排出体外，以维持机体正常的生理活动。除了气体交换外，马匹呼吸器官还具有许多额外功能，包括维持机体内的酸碱平衡、发挥血液碱贮库的作用、过滤并可消除一些栓子、激活一些物质（如血管紧张肽）等。

四、循环系统解剖生理特点

马匹循环系统包括心脏、血管和血液，故又称为心血管系统。心脏是动力器官，血管是循环管道，血液是物质运输的载体。通过血液循环，将氧气和营养物质运送到马匹全身各组织器官，将马匹各组织器官的代谢产物运送到排泄器官而排出体外。因此，心血管系统的主要机能是维持血液循环，使血液和组织之间能够进行体液、电解质、氧和其他营养物质以及排泄物的正常交换，对维持马匹内环境的相对稳定具有重要意义。

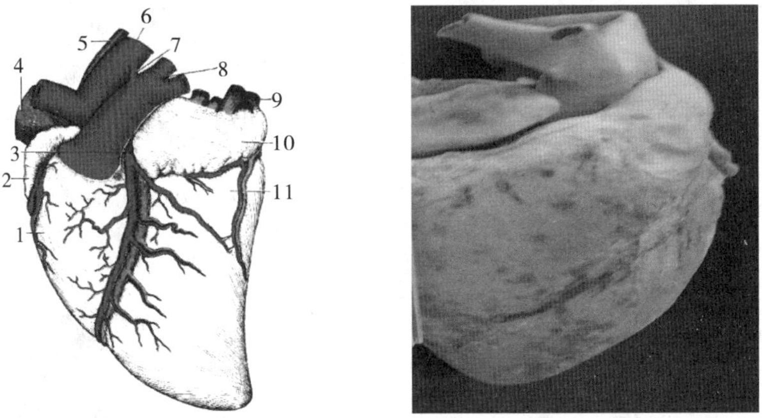

图 1-2-38 马心（右为塑化标本）

（引自 http：//jwjxcg. gsau. edu. cn/dwyxy/dwjpx/kzkt. asp？page=2）

1. 右心室；2. 右心房；3. 左冠状动脉；4. 前腔静脉；5. 奇静脉；6. 主动脉；7. 动脉韧带；8. 肺动脉；9. 肺静脉；10. 左心房；11. 左心室

马匹循环系统包括体循环与肺循环两大部分。血液由右心室出发，经肺动脉，肺部血管网、肺静脉到达左心房，称肺循环；左心室将血液输送到主动脉，经全身的血管网、静脉，流入上、下腔静脉，最后达右心房，称为体循环。体循环的途径：动脉血从左心室→主动脉→全身动脉→毛细血管网→各级静脉→上、下腔静脉→右心房；肺循环的途径：右心房（心脏）→右心室→肺动脉→肺部的毛细血管网→肺静脉→左心房（心脏）。体循环的特点是路径长、范围广，以动脉血滋养全身各部，并将其代谢产物经静脉运回心；肺循环的特点是路程短，只通过肺，主要功能是完成气体交换。

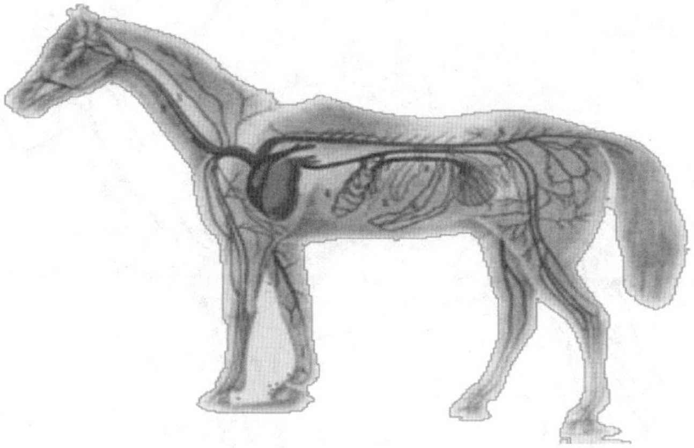

图 1-2-39　体循环模式图

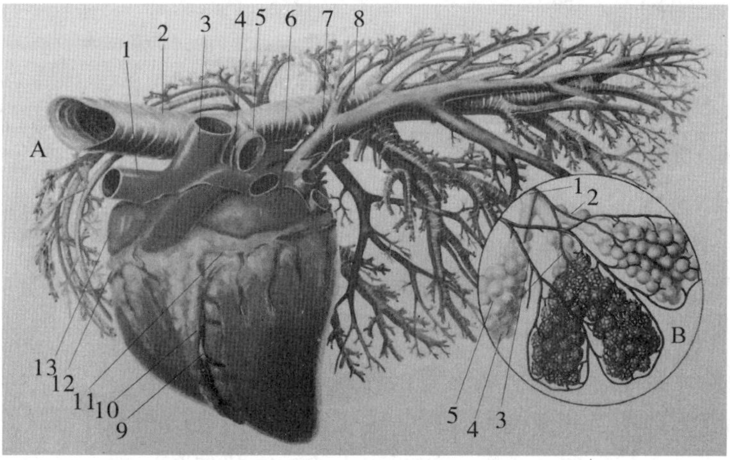

图 1-2-40　肺循环模式图

（引自韩国才《相马》中国农业出版社 2014 年）

A

1. 臂头动脉总干；2. 气管；3. 主动脉弓；4. 肺动脉；5. 左支气管；6. 左心房；7. 肺静脉；8. 右支气管；9. 心大静脉；10. 左冠状动脉降支；11. 左冠状动脉旋支；12. 右冠状动脉；13. 右心房

B

1. 终末支气管；2. 呼吸性细支气管；3. 肺动脉、静脉；4. 肺泡；5. 肺泡囊

马匹循环系统疾病，特别是心脏的疾病，大多继发或并发于以下方面的疾病：

第一，某些传染性疾病如马腺疫、马传染性贫血以及幼驹副伤寒等。

第二，某些普通疾病，如肺炎、胸膜炎、胃肠炎、肾脏疾病、子宫疾病、新陈代谢疾病、外伤性心脏疾病和化脓性外科疾病等。

第三，某些中毒性疾病，如有毒植物、矿物性毒物、过量使用呋喃唑酮等。

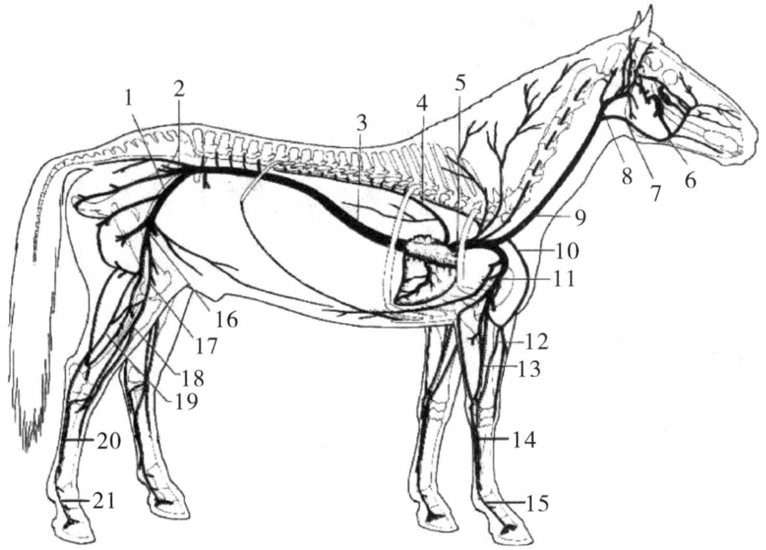

图 1-2-41　马全身静脉

（引自 http：//jwjxcg. gsau. edu. cn/dwyxy/dwjpx/kzkt. asp？page=2）

1. 髂外静脉；2. 髂内静脉；3. 后腔静脉；4. 奇静脉；5. 前腔静脉；6. 面静脉；7. 颌外静脉；8. 颌内静脉；9. 颈静脉；10. 臂皮下静脉；11. 臂静脉；12. 前臂皮下静脉；13. 正中静脉；14. 掌心外侧浅静脉；15. 指外侧静脉；16. 股静脉；17. 隐静脉；18. 胫前静脉；19. 胫返静脉；20. 跖底外侧浅静脉；21. 趾外侧静脉

第四，微量元素缺乏，如铜缺乏等也可导致循环系统疾病。

第五，饲养管理不当或使役不合理，也可发生心力衰竭和循环虚脱等疾病。

马属动物的心血管疾病，常因发病非常迅速，无法挽救而死亡。因此在做任何系统疾病检查时，必须注意循环系统状态的检查，以便及早发现异常，及时采取预防和治疗措施，避免造成经济损失。

第二章　马匹护理概述

马匹护理至今尚无明确统一定义，笔者尝试借用人类医学关于“护理”的概念来定义马匹护理。人类医学“护理”（nursing）的概念源于拉丁文，原意为哺育小儿，其含义后扩展为保育儿童，照顾老人、病人以及其他需要照顾的虚弱生物个体。护理工作是整个医疗卫生工作的重要组成部分，但它又具有其自身的相对独立性和特殊性。人类医学中“护理”的定义不是一成不变的，而是随着社会发展，社会需求的变化而变化，不同时代护理的定义不尽相同。现在普遍接受的是美国护士协会（ANA）1980 年提出的护理概念：护理是诊断和处理人类对现存的和潜在的健康问题的反应。本书中“马匹护理”的概念借鉴该定义，即：马匹护理是诊断和处理马匹对现存的和潜在的健康问题的反应。

第一节　国内外马匹护理的发展历史与现状

一、国外马匹护理的发展历史与现状

（一）古代文明中的马匹护理

早在古埃及时代，就有人和包括马匹在内的动物相伴的雕塑。说明远古时代的人们就开始有动物保护与护理的意识。公元前 1900 年，埃及人就在莎草纸上进行有关治疗动物疾病处方的兽医学记载。在古印度，兽医曾和人医一样兴盛。公元前 1500 年至公元前 1200 年的吠陀时代，一些经典中有大量以韵文记载的包括马匹在内的动物疾病及其治疗方法。中世纪欧洲，最早的《动物保健及卫生学》由饲养员和修蹄匠编写；《动物治疗技术》由牧羊人和屠宰工编写，其中都涉及马匹疾病治疗与护理的内容。

（二）现代文明中的马匹护理

1761 年法国在里昂开办了现代世界上最早的高等兽医学校，培养包括马匹护理在内的动物治疗与照料的专门人才。到 1800 年，欧洲有 12 个国家建立了 20 个左右的兽医学校，培养包括马匹护理在内的动物治疗与照料的专门人才。另一方面，从 1822 年理查德·马丁提出“反对虐待以及不恰当地对待牛的行为”的法案在英国国会获得通过开始，英国已经开始关注包括马匹护理在内的动物福利问题。两年后，在伦敦一家咖啡屋里，牧师亚瑟·布鲁姆召集成立了世界上第一个动物福利组织“反虐待动物协会”强调对包括马匹在内的动物提供良好的照料与护理。

（三）国外马匹护理现状

现在，在赛马运动发达的国家和地区，均建立了成熟和完善的马匹护理体系，为马匹

提供良好的整体护理。如在澳大利亚，每个马场都必须配备兽医护理人员，随时为马匹提供治疗护理服务。较大社区也配有兽医工作站，为周边农场提供马匹治疗与护理服务。大学赛马与骑师专业也必须开设马匹护理专业内容，学生能够系统学习马匹护理基本知识与技能。

二、我国马匹护理的发展历史与现状

（一）我国马匹护理的发展历史

我国是世界文明古国，马匹治疗与照料历史也源远流长。早在远古时代，就有世界上最早的兽医记载：黄帝时代的马师皇。据文献记载，“马师皇者，黄帝时马医也。知马形生死之诊，治之辄愈。”证明其为我国马匹治疗护理第一人。我国现存的最早一部兽医专著为秦朝孙阳所著《伯乐针经》，是中国兽医针灸现存最古的文献，专门记载马匹疾病及其治疗与护理处方。《司牧安骥集》是中国唐代相马、医马专著。它的内容重点是马病各论，以及选录了9世纪以前治疗马病的经验效方，是现存最古老的兽病方药专集，其中一些药方至今临床应用不衰，实用价值较高。《齐民要术》是北朝北魏时期，南朝宋至梁时期，中国杰出农学家贾思勰所著的一部综合性农学著作，也是世界农学史上最早的专著之一。是中国现存的最完整的农书，其中也有关于马匹治疗与护理的相关内容。

我国的马业发展虽曾有过辉煌的历史，但是现代马业发展逐渐落后，中国现代意义上的马匹治疗与护理开始于1904年创办的第一所兽医学校：北洋马医学堂。

（二）我国马匹护理的现状

我国现代意义上的马匹护理的发展尚处于萌芽状态。目前，国内开展马匹护理教学与研究的机构主要是武汉商学院和江汉大学。武汉商学院是国内最早开展马匹护理教学与研究的大学，其在2008年开设我国内地第一个赛马产业管理专业。该专业课程体系中就包括了马匹护理专业知识。学生通过相关课程的学习，了解马匹护理基本概念，掌握马匹护理基本技能，能够从事马匹治疗与护理工作。江汉大学随后于2009年开设马匹护理专业方向，附属于“运动马匹饲养与疾病防治”专业，为全日制普通高等教育农学专科专业，面向全省中职、高职招生，专门培养马匹护理方面的专门人才。除此之外，国内其他大学或机构尚未开展马匹护理相关教学与研究工作。

随着我国社会主义经济的快速发展，物质生活资料的丰富，生活水平的不断提高，余暇时间的增多，人们从事休闲娱乐的愿望日益强烈，赛马已成为一种休闲文化活动而受到人们的广泛欢迎。尤其是国家体育总局批准武汉市成为速度赛马竞猜型彩票的试点城市，这必将极大地促进赛马产业在武汉市乃至全国的发展。赛马产业的发展带动了我国养马业的发展，养马业的发展促进了马匹护理学的发展，马匹护理已逐渐发展成为有独特功能的专门学科，其研究内容、范围及任务等已涉及影响马匹健康的生物、社会等各个方面。随着赛马产业在我国的迅速发展，马匹护理学也必将迎来快速发展的春天。

第二节 马匹护理的范围及原则

一、马匹护理的范围

当前世界医疗卫生事业发展的趋势，已由以医疗救治为主转变为更加重视预防和保健工作。相应地，马匹护理的研究任务应转变为对马匹提供整体护理，包括疾病护理、保健护理、安全护理、心理护理等。因此，马匹护理不仅仅是简单地打理马匹，还包括对马匹全方位的照料。需要特别指出的是，除了人类，无论比较高等的动物还是低等的，都有心理活动，由简单到复杂不等，马匹也不例外。甚至，马匹的心理还比较复杂，有研究证明马匹的智力相当于7岁儿童的智力水平。因此，在马匹护理中要重视其心理护理，以促进马匹的身心发育，使其各方面都得到充分发展。

马匹护理应由单纯对疾病的护理转变为“以马匹为中心”的整体护理。马匹护理的范围就变得很广泛：一切涉及马匹健康和卫生的问题都属于马匹护理研究的范围。它包括正常马匹生长发育、疾病防治与临床护理、护理科学研究等，并且与马匹饲养学、马匹营养学等多门学科密切相关。

具体来说，本书马匹护理的范围包括：正常状况下的马匹护理（即马匹的日常护理）、疾病状况下的马匹护理（即马匹的疾病护理）以及运动状况下的马匹护理（即运动马匹护理）。

二、马匹护理的特点及一般原则

（一）马匹护理的特点

1. 护理评估难度大

评估是有计划、有目的、有系统地收集病患马匹资料的过程，是整个护理程序的基础。同时也是护理程序中最为关键的步骤。如果估计不正确，将导致护理诊断和计划的错误以及预期目标失败。马匹护理评估难度大，主要体现在以下方面：

（1）健康史采集较困难：由于马匹不能描述自身的健康史，多由马匹照料者代述，其可靠性与代述者的既往经验及与马匹接触的密切程度、是否认真负责等有关，难以完全保证健康史信息的客观性，因此造成马匹健康史的采集困难。

（2）体格检查时马匹不配合：由于马匹天性胆小，对体格检查存在抗拒心理和行为，因此不配合护理人员对其进行的体格检查，影响马匹护理体检的正常进行，使体检结果不全面、不满意。

（3）标本采集及其他检查较困难：如留取马匹尿液标本、粪便标本、血液标本等，均较为困难，进行其他检查时马匹也多不配合。

2. 健康观察任务重

由于马匹无法反映自己的感受和痛苦，因此，其健康出现问题时多数只能靠护理人员认真、负责、细致的观察，导致马匹护理健康观察任务重。由于患病马匹病情变化快，易恶化甚至死亡，但治疗及时、措施得当，好转也快。因此，马匹护理人员不仅要有高度的责任感和敬业精神，更要具有扎实的兽医学知识和丰富的护理实践经验，善于观察。

3. **护理操作难度大**

马匹在应用口服药物时常需要护理人员灌服，灌服方法不当易引起呛咳、呕吐，甚至误吸或窒息而死等。同时，由于马匹智力水平所限以及天性胆小，无法完全正确理解护理人员对其采取的措施，导致马匹在护理时多数不能配合，增加了护理人员的操作难度。这就要求护理人员提高操作技能水平，更熟练地掌握马匹护理各项操作技术。

（二）马匹护理的一般原则

1. **遵守法律和伦理道德规范**

马匹护理应在法律的框架内进行，也不能有悖于基本伦理道德规范。因为，包括马匹在内的动物同样具有一定的智力与认知能力，也有自己喜怒哀乐的情感，这些“动物性”应受到人类尊重。对动物的基本权利加以适当保护，可以说是历史大势，也是社会走向文明的一个标志。人类可以也应该“推己及人”，把人类社会道德规范在一定程度上推展到人与动物的关系上，善待动物。立法保护动物，就是明确动物应享的权利，并通过国家强制予以落实。《中华人民共和国动物保护法》（建议稿）目前正在进行最后的修改。按照建议稿的内容，如果伤害动物，将视情节处以不同金额罚款，如果虐待动物致死，将负一定的刑事责任。因此，在马匹护理过程中，我们应遵守法律和伦理道德规范，充分尊重马匹的基本权利，善待马匹。

2. **重视动物福利，提供无创性照护的整体护理**

动物福利是一个比较悠久的概念，最早，就是要让动物享有免受饥渴的自由、生活舒适的自由、免受痛苦的自由、表达天性的自由。1822 年，理查德·马丁提出“反对虐待以及不恰当地对待牛的行为”的法案在英国国会获得通过。两年后，在伦敦一家咖啡屋里，牧师亚瑟·布鲁姆召集成立了世界上第一个动物福利组织“反虐待动物协会”。1850 年，法国也通过了反对虐待动物的《格拉蒙法案》，美国于 1886 年通过了《禁止残酷对待动物法》。这一系列法案的通过标志着动物保护运动已经从民间行为上升到政府行为，也标志着维护动物福利的理念得到了法律上的认可。目前国际上公认的动物福利标准由五个基本要素组成：

（1）生理福利，即无饥渴之忧虑。这是最基本的动物福利，对于马匹管理来说最基本的要求也就是要保证按时饲喂，使马匹免受饥渴困扰。

（2）环境福利，也就是要让动物有适当的居所。在基本的生存得到保证以后，居住环境应当舒适。对于马匹管理来说就是要保证马房和马厩的清洁卫生，使马匹感到舒适。

（3）卫生福利，主要是减少动物的伤病。重视马匹疾病的预防与治理，加强护理，减少马匹各种伤病的可能性。

（4）行为福利，应保证动物表达天性的自由。在马匹护理中，应当了解马匹喜爱运动的天性，保证马匹充分的运动自由，防止马匹由于运动不足而出现各种恶癖，如咽气癖、点头癖等。

（5）心理福利，即减少动物恐惧和焦虑的心情。在马匹护理中，不粗暴对待马匹，爱护马匹，尊重马匹，建立人马亲和的良好关系，减少马匹恐惧和焦虑的心情。

动物福利理念的提出是人类伦理思想的升华与博爱精神的产物，也是人类社会文明进步以及道德水准提升的体现。随着时间的推移，动物福利将会被全世界越来越多的人所接受，维护动物福利也将成为不可逆转的历史潮流，因此，作为马匹护理者应重视动物福利，提供无创性照护的整体护理。

第三节 马匹护理者角色与素质要求

一、马匹护理者的角色

（一）马匹护理活动的执行者

马匹护理者是整个护理活动的执行者，为达到马匹护理目标而将护理计划中各项措施付诸行动，包括各种马匹护理活动，以解决护理问题，记录护理活动的结果及马匹反应。执行过程的要点是使马匹护理行为个体化、安全化。执行的质量如何与马匹护理者的理论知识和操作技术两方面的水平有关。

（二）马匹健康咨询者

马匹护理者运用沟通技巧，与马匹管理人员交流马匹健康信息，通过解答马匹管理人员的问题，能帮助马匹管理人员更好地照料马匹，更好地预防马匹疾病的发生。使护理对象的治疗、护理效果更令人满意，减少马匹由疾病引发的各种并发症。

（三）马匹护理研究者

目前我国马匹护理尚处于起步阶段，有许多问题需研究探讨，如：马匹护理中的法律观念、马匹护理的内容与质量评价体系等。马匹护理者从事相关研究，形成能真正指导马匹护理实践的护理理论，以推动我国马匹护理实践的发展。

二、马匹护理者的素质要求

（一）热爱马匹，尊重马匹

马匹护理者首先要重视动物福利，爱护马匹，尊重马匹。马匹护理者具有爱心和同情心才会真正体会到马匹护理的意义，才会发自内心地去给予马匹帮助。只有发自内心地爱护马匹，对他们产生感情，才会和他们建立平等友爱的关系，使他们产生安全感、满足感，达到人马亲和，从而使马匹配合治疗和护理。

（二）对事业高度的责任感

马匹护理工作有一定的复杂性和危险性，因为马匹处于无知、无语的状态中，有时还不能配合护理工作，甚至有可能对护理人员发起攻击，造成危险。这就要求马匹护理者具有高度的事业责任感，对马匹进行认真、细致的观察，及早发现问题，尽早进行治疗与护理。

（三）有丰富的科学知识

马匹护理者不但要具备一定的马匹护理理论知识和技能，而且要掌握马匹常用药物的剂量、作用及用法，保证用药的安全；随着兽医科学的发展，马匹护理技术相应地已发展到比较复杂的护理技术、抢救技术及先进的检查技术，马匹护理者必须熟练地掌握这些相关的技术，才能在护理工作中减轻患病马匹的痛苦，取得最佳护理效果；马匹护理者也要勇于创新进取，开展护理科研工作，以适应新世纪马匹护理工作的需求。

第三章 马匹习性与特征

第一节 马匹习性

马匹的基本习性包括很强的奔跑能力、较差的视力、灵敏的听力、发达的嗅觉能力等等。对马匹基本习性的了解与掌握，有助于安全有效地管理马匹，这对于正确有效地护理照料马匹有着非常重要的意义。

一、马有很强的奔跑能力

马匹的奔跑能力给人留下深刻的印象，马的胸骨粗壮，四肢修长，腿部肌肉发达，非常善于奔跑。

图 3-1-1 马匹四肢修长，腿部肌肉发达

（引自 http：//www. 58pic. com/sucai/11161213. html）

据测试，马奔跑的时速约 20 公里，最快时速可达 60 公里，可连续奔跑 100 公里，具有名副其实的“马力”。马匹的奔跑能力是其长期进化的结果。因为，马匹是食草动物，处于食物链的低端，为了逃避食肉动物的捕食，马匹必须依靠快速的奔跑，才能保证自身的安全。马匹的奔跑能力成为人类驯服马匹的主要目的，帮助人类极大地拓展了活动领域，促进了人类社会的发展。现代赛马运动也是建立在马匹很强的奔跑能力基础之上的。

二、马的视觉比较差

在所有哺乳动物中，马的眼睛是最大的，其左右各一，占据头部的显著位置。虽然看上去炯炯有神，但实际上马匹却是天生的“近视眼”，马匹一出生视力只有0.6左右，并且对颜色十分迟钝。

以前有人认为马匹是完全的色盲，对所有颜色都不敏感。但是，现在人们发现马匹对某些颜色还是有一定的辨别能力的，特别是红色，能够明显使马匹兴奋。这有点类似于牛对红色的反应。所以，在与马匹接触时要尽量避免穿红色的衣服，防止马匹受到刺激而发生危险。另外，马匹对白色也有一定的反应，如果兽医人员或护理人员穿着白大褂靠近马匹，马就会有紧张的表现。因此，护理人员接近马匹时要注意观察马匹反应，做好自身防护。马匹对颜色的反应，还表现在相同毛色的马匹更喜欢聚集在一起。

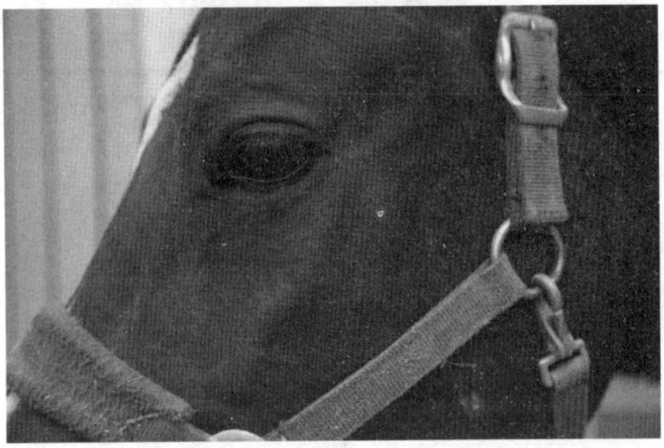

图 3-1-2 马的眼睛大，但是视力差

另外，有趣的是，与人类的视觉不同，马的视觉能够在“单眼模式”和“双眼模式”之间进行转换。所谓“单眼模式”，指马匹用两只眼睛各自独立看事物；“双眼模式”即两只眼睛同时看一个事物。一般情况下，马匹使用“单眼模式”，两只眼睛互不打搅，各自独立看到一幅影像；只有需要判断距离时马匹才“切换”到“双眼模式”，让两只眼睛集中注视同一个目标。但在“双眼模式”下，马的双眼能够重叠的视野仅有30%左右。因此，马匹的立体感是比较差的。在跨越障碍时，马匹很难判断障碍物的实际高度，难怪马匹跨越双重栅栏和在深沟中落地时会“勉为其难”了。这也让我们明白了为什么那么高大的马匹会对不是很高的障碍物心存畏惧，甚至出现拒跳的情况。

此外，马虽然视觉差，但夜间视觉比人类强，这是因为马眼底的视网膜外层有一层照膜（人类没有照膜），可将透过视网膜多余的光线再返回视网膜感受器，因而视神经的感受量可大于原光的两倍以上。在弱光情况下，照膜的反射使物体清晰度明显提高。因此，马在夜间能清楚地辨别夜路和夜出的动物。夜间骑乘马时马常常打“响鼻”，表示它先发现了夜游的动物或异物，用“响鼻”予以警示。马的眼睛虽然对微弱光线比人敏感，但从“明处”突然转到“暗处”后却不能迅速调节瞳孔大小而惊恐不安。

有些骑手在比赛中为了集中马匹注意力，同时也防止比赛时赛道上扬起的沙子、泥土会伤及马匹眼睛，因此给马匹戴上眼罩。

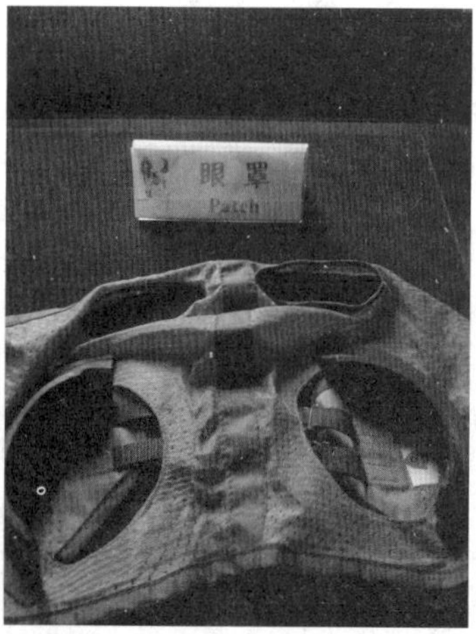

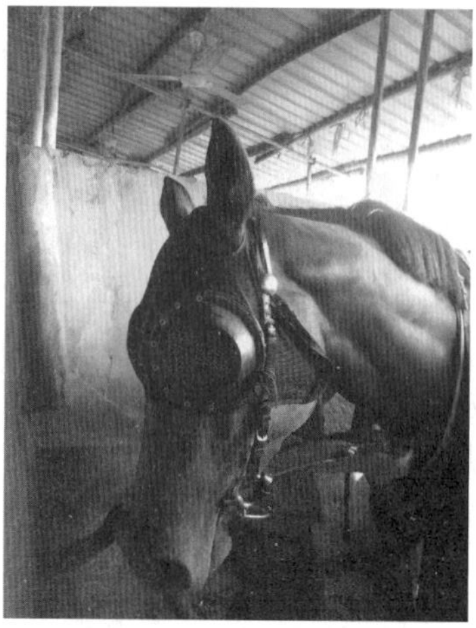

图 3-1-3　马匹眼罩

总之，马的视觉不是很发达，远不如它们的嗅觉和听觉。马匹护理者在接近和照料马匹的过程中，要注意用声音通知马，不能贸然接近其后躯，以防发生危险，特别是护理者蹲下工作时，马往往辨认不出人的形象而发生踢人、咬人事故。

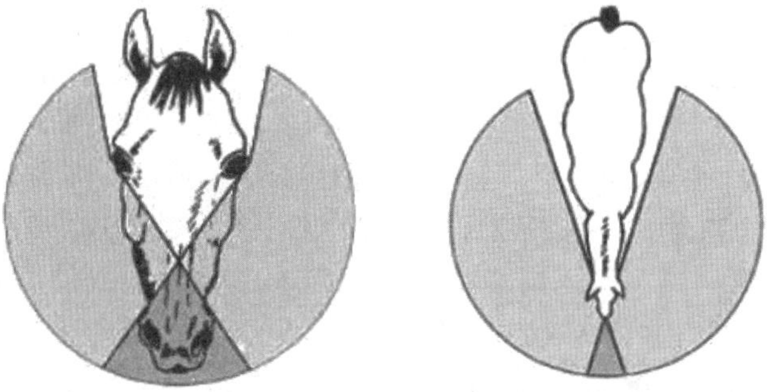

图 3-1-4　马匹的单眼视界和双眼视界

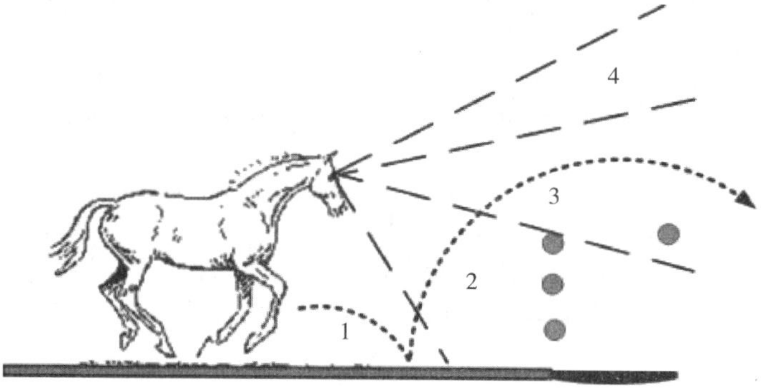

图 3-1-5　马匹双眼视界

2 为双眼模式清晰区，1、3 为模糊区，4 为盲区

三、马的听觉十分发达

马的听觉要远远优于视觉，而且，马的听觉也比我们人类的听觉要强得多。马的听觉发达是对视觉欠佳的一种生理补偿，是其在长期进化过程中形成的。因为马在自然界中生存的关键问题就是躲避猎食动物的袭击，而马躲避猎食动物袭击的本领就是逃跑和有限的反击。对马来说，由于视力欠佳，不能及时发现危险动物，那么及早听到危险的信号而采取迅速逃避行为无疑是非常重要的。

从器官位置来说，马耳位于头的最高点，居于最有利的位置，有利于对声音信号的收集。

从解剖结构来说，马匹耳翼大，耳肌发达，动作灵敏，旋转变动角度大，马无需改变体位和转运头部，仅靠耳廓的运动就能判断声源方向和收集声音信号。从生理构造来说，马用灵活的外耳道捕捉声音的来源、方向，对声音进行定位。中耳的机能是放大声音音响。内耳主要功能则是分辨声音的频率、音色和音响的强弱。

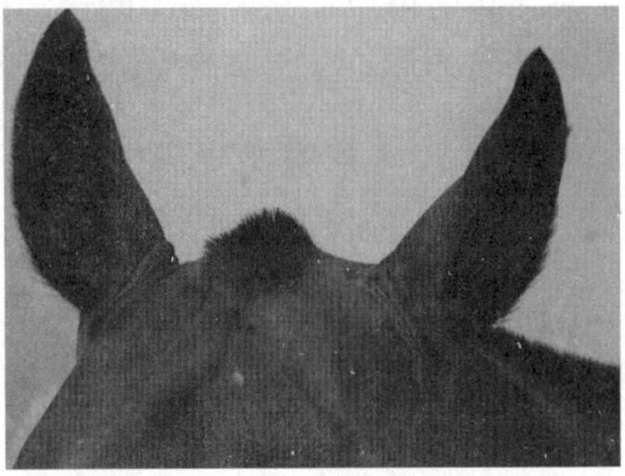

图 3-1-6　马耳位置在头最高点

马匹有发达的听觉，只需要给其轻微的声音口令，马匹就能够听到并作出反应。相反，过高的音响或音频对马是一种逆境刺激，使马有痛苦的感受，因此，训练与调教马匹时，要避免对其“大喊大叫”。同样的，马房也应保持安静，禁止大声喧哗。过高的音响或音频会导致马惊恐，如火车汽笛声、汽车喇叭声、锣鼓声、雷声等等。因此，赛马比赛在雨天是可以正常进行的，但是如果下雨伴随打雷，比赛就应终止。对过于敏感的赛马，为了减少音响刺激，亦可以给它配戴耳罩。

四、马的嗅觉非常敏锐

马的鼻腔很大，是重要的信息收集器官。马的嗅觉是非常敏锐的，甚至超过了其听觉，因为听觉受距离、周围环境的影响比较大，而嗅觉相对来说更稳定一些。马匹主要依靠敏锐的嗅觉来识别主人、异性以及鉴定自己的环境和所接触的事物，并能根据判断做出相应的行为。认真观察马匹不同的嗅觉行为，如对饲草饲料、水源、周边环境的反应，就能发现那些对于马匹来说不适宜的条件和因素，并及时改进，以保证马匹的健康，这在马匹护理工作中是非常重要的。

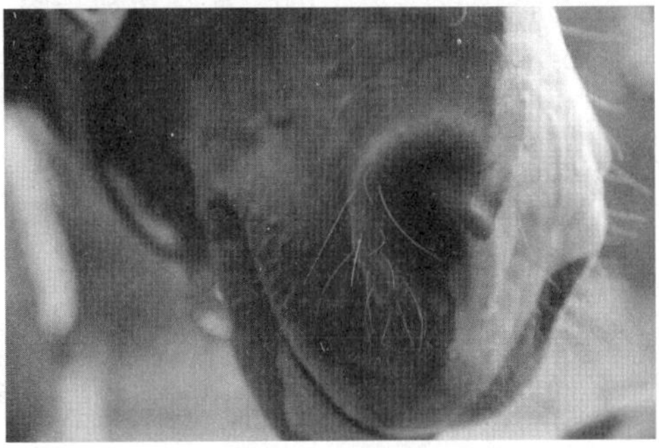

图 3-1-7　马匹鼻腔大

根据马匹嗅觉敏锐的特点，接近马或调教马时，为了让它学习或接受新事物，可以先以嗅觉信息向它打招呼。例如，给马配戴挽具、鞍具，如果先让马嗅闻，操作上会更顺利。有时孤驹需要寻找另外的母马寄养时，用该母马的乳汁对幼驹进行涂抹，则会增加母马对孤驹的接收程度。

马匹进食时会通过其敏锐的嗅觉对食物进行分析，从而及时发现食物中的有害物质。此外，马还能利用敏锐的嗅觉摄取体内缺乏的物质，因此，自由采食的马匹很少出现营养不良的情况，也很少误食有毒的食物；马喜欢甜味饲料，往往拒食带酸味的食物，如果草受腐，马便拒绝进食。

马匹还能依靠敏锐的嗅觉发现水源，这一点对于野外生存的马匹来说是非常重要的，所以野生的马群能够在干旱的沙漠中生存。另外，马对同伴排泄的气味有着极强的反应，马驹要是闻到新鲜的排泄物，将被激起高度的排泄反应，引起排粪和排尿。因此，在马匹管理或护理过程中，可以充分利用马匹的这一特点，建立马匹良好的行为习惯。例如，赛马比赛前可以让马匹嗅闻同伴的排泄物，激发其排泄反应，及时排出粪便或尿液，这对减轻赛马的体重，提高比赛成绩是有益的。

五、马触觉发达

马匹触觉比较发达，主要体现在两个方面：

一方面，马匹对作用于其体表的距离非常近的刺激点可以分辨出来，这跟很多大型动物不同，例如牛或猪很难分辨出距离非常近的刺激点。一般来说马匹能鉴别相距 3 厘米的刺激点，敏感程度因马匹类型、品种、气质类型、疲劳程度和身体部位不同而不同。从马匹类型、品种来说，重型挽马敏感程度就差些；从马匹疲劳程度来说，疲劳的马触觉敏感程度差些；从马匹身体部位上来说，四肢、腹、唇、耳就比较敏感，因此马匹管理或马匹护理人员在接触这些部位时要注意安全，不可贸然行事。

另一方面，马触觉分析能力强，人们可以利用马匹的这一特点建立各种条件反射。如给马匹刷拭可建立人马亲和反应；轻拍马的颈部可建立其静立行为反应；轻拍马匹肩部或四肢可建立其举肢行为反应；骑乘马时一侧压缰的触觉可建立转弯扶助等等。

六、马的性情比较温顺

马虽然是大型的哺乳动物，体格高大，外貌威武，但是，实际上马匹性情却是比较温顺的，它们极少有主动恶意的攻击人的行为。偶尔做出的伤害性的行为都是出于对自己安全的保护。因为马是食草类动物，如同兔子、鹿、羊等食草动物一样，处于自然界食物链中的低层，随时存在被食肉动物捕杀的危险。因此，马具有时刻警惕与反抗的本能：在无法逃脱猎食者追击时，马会拼死反抗，用踢、咬、刨等方式摆脱凶猛动物的进攻。马的这种求生反应在与人相处时也自然而然地表现出来，马如果感到危险害怕而又不能逃避（如被栓住、被逼到死角等）时，就会因这种本能逻辑对人进行攻击，以达到自我保护的目的。所以，尽管马匹性情是比较温顺，一般情况下不会主动攻击人类，但是如果感到危险，它们仍会对人类进行攻击。因此，在马匹护理工作中应该避免使马匹感到危险。

七、马具有很强的竞争心理

虽然马匹性情温顺，但是，相互之间却有很强的竞争心理。马匹聚集在一起时总是很容易发生争斗，特别是公马。因此，对好争斗的马要注意管理，栓系或牵溜时要相互保持一定距离。并行奔跑的马总是越跑越快，总想超越对方。在战争中，许多马并不是倒在枪林弹雨中，而是由于剧烈地奔跑累死在战场上的。赛马就是利用了马的这种竞争心理，这也是为什么其他动物很少用来进行速力比赛的原因。

八、马的记忆力强

马的记忆力很强，只要是经常走过的地方，都能熟悉记忆下来，成语“老马识途”反应的就是马匹记忆力强的特点。马匹尤其对饮水、吃草的地点记忆最清楚。因此，饲养马匹时要注意饮水和喂食的地点要相对固定。马匹也对人类对它的态度记忆深刻，如果马匹管理人员或护理人员粗暴地对待马匹，马匹就会记忆在心，并表现出害怕、躲避的行为，这是非常不利于对马匹的管理与护理的。因此，要善待马匹，以取得马匹的信任，建立人马亲和。

图 3-1-8　速度赛马（摄于东方马城）

九、马匹好动

马匹天性好动，运动用马尤其要注意每天都应有适当的活动。必要的活动有利于消除马匹疲劳、促进消化机能的正常代谢。长时间呆立对马匹无疑是一种伤害，甚至会使马匹养成各种恶癖，如咽气、点头、刨地、磨牙、踢癖等。因此，在饲养管理中要避免长时间限制马匹的活动，让马匹保持充分的运动，有时也可以通过遛马机，跑步机等机器来帮助马匹运动。

图 3-1-9　遛马机（摄于澳大利亚）

第二节　马匹特征

毛色和别征是识别马匹品种和个体的重要依据，在马匹管理和护理工作中是不可缺少的内容之一，如作鉴定卡片或其他记载，都要登记毛色。

一、马毛的种类及马毛色分类

（一）马毛的种类

1. 被毛

指覆盖马匹全身的短毛，像植被覆盖在土地上一样，故名被毛。马匹被毛每平方厘米约700根。被毛一年脱换两次：晚秋换成长而密的毛，为即将到来的寒冷冬天做准备；春末又换成短而稀的毛，为炎热盛夏的来临做准备。

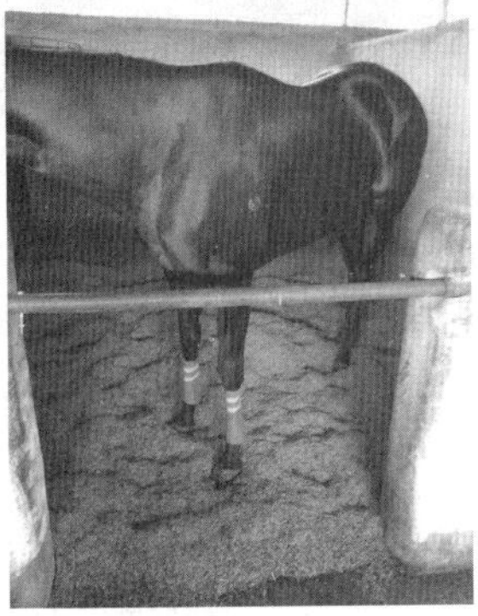

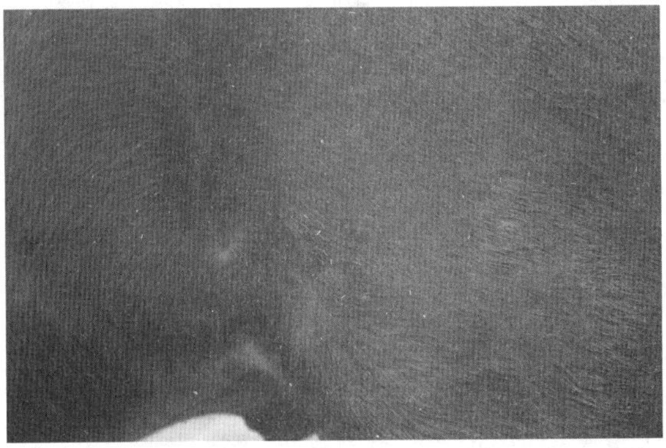

图 3-2-1　马匹被毛

2. 保护毛

就是生长在马体上的各种长毛，包括鬃毛、鬣毛、尾毛和距毛，这些毛对马体起保护作用，故叫保护毛。保护毛在不同种类的马匹身上表现不同，轻种马纤细而少，重种马粗长而密，土种马粗刚而多。

3. 触毛

主要分布于马匹口、眼、鼻周围，另外被毛中每平方厘米约有3~4根。这些毛有触觉功能，能感触到外界各种刺激。对马匹的感觉功能起着重要的作用。

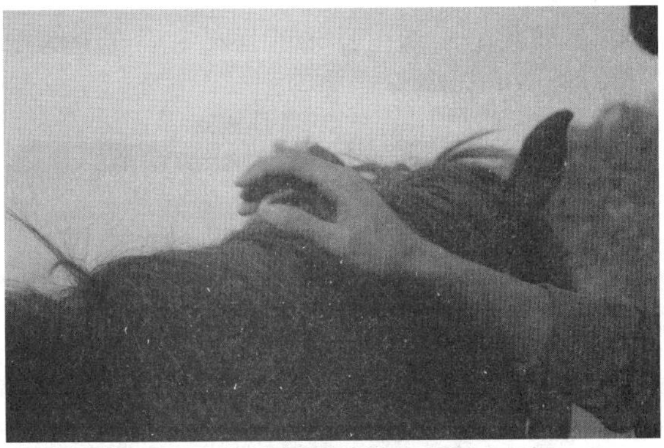

图 3-2-2　保护毛（鬃毛）

图 3-2-3　触毛（眼周）

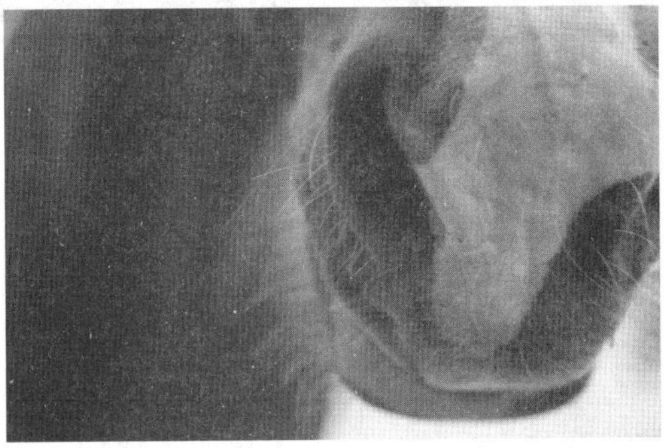

图 3-2-4　触毛（鼻周）

（二）马毛色分类

马毛色分类较多，按出生月龄可分为胎毛色和固有毛色两种。胎毛色是指马匹初生和5个月以内的毛色，颜色较深。固有毛色是指马匹6个月龄换毛以后的毛色。经常用于记载的毛色，指的就是马匹的固有毛色。马的毛色分为骝毛、栗毛、黑毛、青毛、白毛、兔褐、银鬃、沙毛、花毛、斑毛等10种。

1. **骝毛**

骝毛指马匹全身长毛和四肢下部为黑色，而被毛为红色、黄色或黑红色等。马匹被毛为红色的叫枣骚毛或红骝毛（枣红马），被毛为黄色的叫黄骚毛，被毛为黑色或近于黑色，仅口、眼周围为茶褐色或灰白色的叫黑骚毛。有的马被毛为黄色，鬣毛中间为黑色，两边缘色较浅叫海骝毛。被毛为褐色的叫褐骝毛。

图 3-2-5　红骝毛（枣红色）

（引自韩国才《相马》中国农业出版社 2014 年）

2. **栗毛**

栗毛是指马匹的长毛和被毛同色，全身为栗子皮色。红色的叫红栗毛，淡黄色的叫黄栗毛，黄色而在日光下呈现金黄的光泽叫金栗毛，被毛褐色如巧克力或如枯朽木材色者叫朽栗色毛。

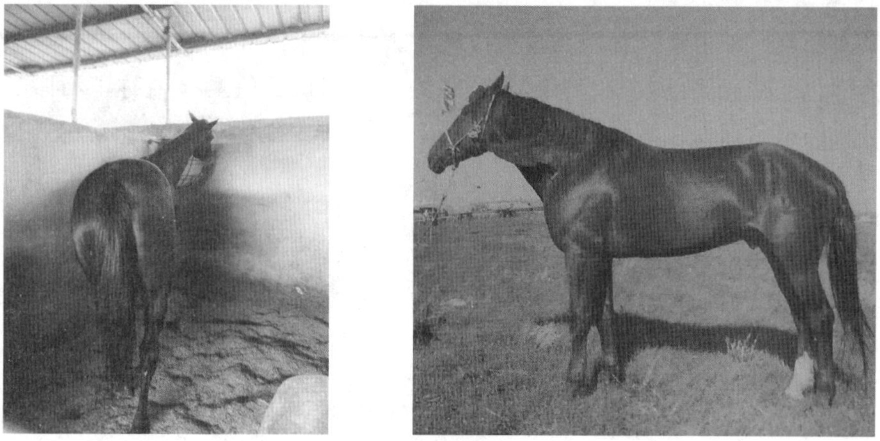

图 3-2-6　栗毛

（引自韩国才《相马》中国农业出版社 2014 年）

3. **黑毛**

黑毛是指马匹全身被毛和长毛都是黑色的。依被毛色的浓淡又可以细分为纯黑毛、淡黑毛，以及锈黑毛等。

4. **青毛**

青毛是指马匹全身被毛和长毛为黑白色混生，依黑白毛的多少又可以分为铁青毛、菊花青毛、白青毛、斑点青毛、红青毛等。青毛随着马匹年龄的增加颜色会发生改变，马匹被毛和长毛中的白毛会逐渐增多，最后马匹全身完全变为白色，但皮肤及蹄、眼的周围仍为黑色。

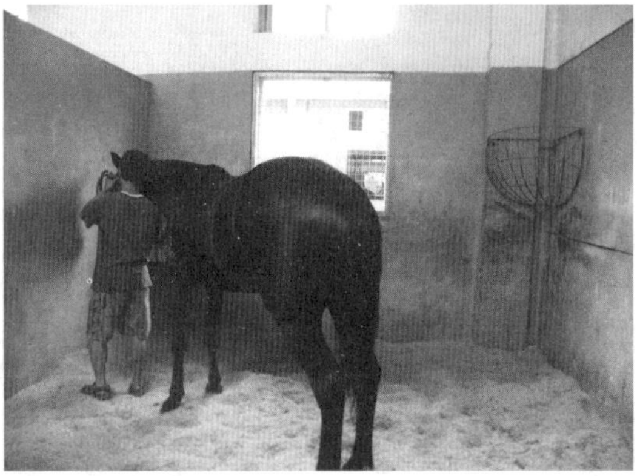

图 3-2-7　黑毛

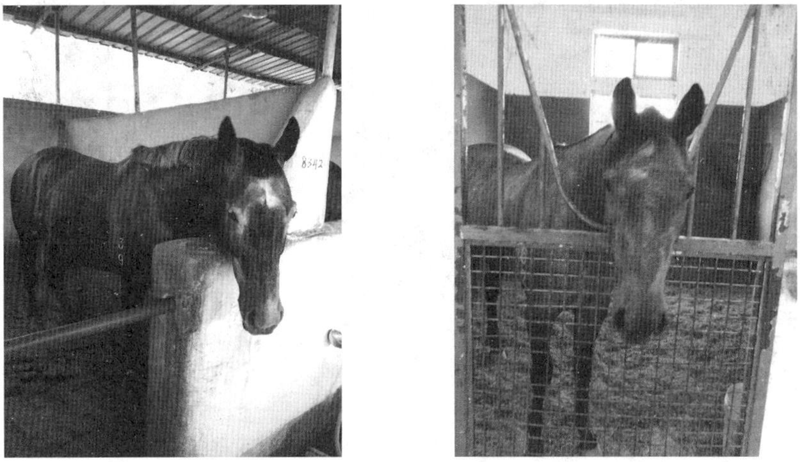

图 3-2-8　青毛

5. **白毛**

白毛是指马匹生下来就是白色，以区别于青毛随着马匹年龄的增大而变成的白色。马匹皮肤为肉色，蹄壳颜色较浅。有时马匹眼的虹彩都缺乏色素（俗称玉石眼）。若马匹被毛略带红色称桃花白毛，被毛污黄，蹄暗色、长毛灰白色称污白毛。

6. **兔褐**

兔褐比较少见，也比较复杂，是指马匹全身被毛为红、黄、灰等色，鬣、尾毛中间为黑色而边缘与被毛同色，背部有一条暗色条纹（背线），前膝和飞节部有虎斑（斑马纹），肩部有一条黑带（鹰膀），具备这 3 个特点者叫兔褐毛。根据被毛的颜色不同又可以分红兔褐、黄兔褐、灰兔褐等。

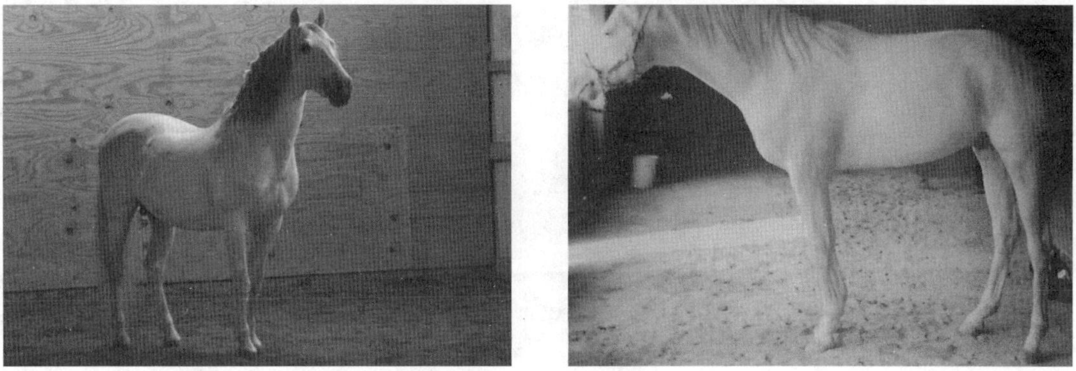

图 3-2-9　白毛

（引自韩国才《相马》中国农业出版社 2014 年）

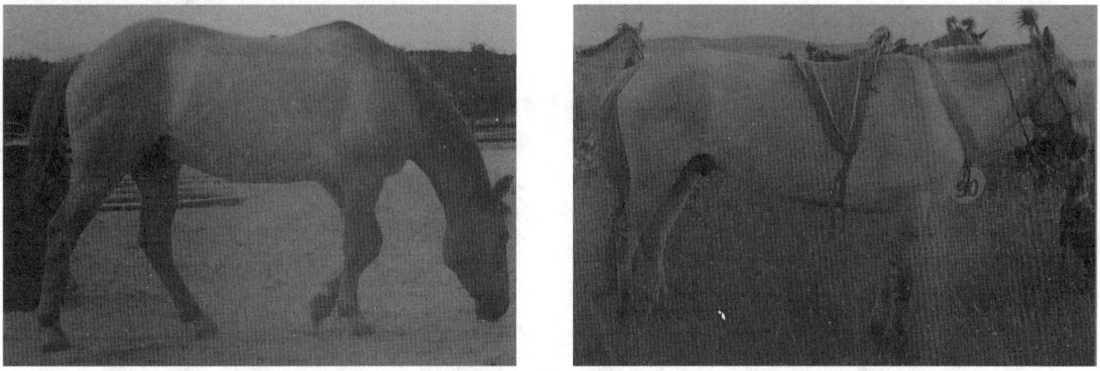

图 3-2-10　红兔褐、黄兔褐

（引自韩国才《相马》中国农业出版社 2014 年）

7. 银鬃

银鬃是指马匹被毛为栗毛色，长毛为白色或银白色，四肢下部的色泽比被毛稍淡或与被毛同色。

8. 沙毛

沙毛是指马匹全身在暗色毛的基础上散生有白毛，远看似“豆沙”色，终生不变。如暗色毛是栗毛而散生白毛的叫沙栗毛；如果暗色毛是骚毛而散生白毛的叫沙骝毛。此外还有沙兔褐毛、沙青毛等。

图 3-2-11　银鬃

（引自韩国才《相马》中国农业出版社 2014 年）

图 3-2-12　沙毛

图 3-2-13　花毛

9. 花毛

花毛是指马匹在暗色毛当中有连片的大白斑，且白斑部的皮肤为肉红色。

10. 斑毛

斑毛是指马匹全身在白色被毛的基础上分散有大小不等的暗色斑点，俗称名叫“花斑驹”。根据斑点的颜色分红色斑毛、褐班毛等。

图 3-2-14　斑毛

二、马的别征

对于毛色相同、体型相似的马匹，往往难以区别，这时需要利用马的别征来区别毛色相同而难以辨认的马。马的别征主要是指马头部或四肢上的特殊状态可作为认识马的标志，一般包括头部白章和四肢白章两种。

（一）头部白章

头部白章即头部的白斑，是指马匹头部有白色的区域，根据白色区域的大小及位置不同，将头部白斑分为：

（1）额部中央上有近似圆形的白斑叫星（白玉顶），小的叫小星，大的叫大星，过大的叫白额，星向鼻梁延长的叫流星，按其延长的长短、宽窄又分为长流星、广流星、窄流星、断流星等。

（2）额部中央散生少量白毛时叫额刺毛，如果白毛散生面积较大就叫额霜。

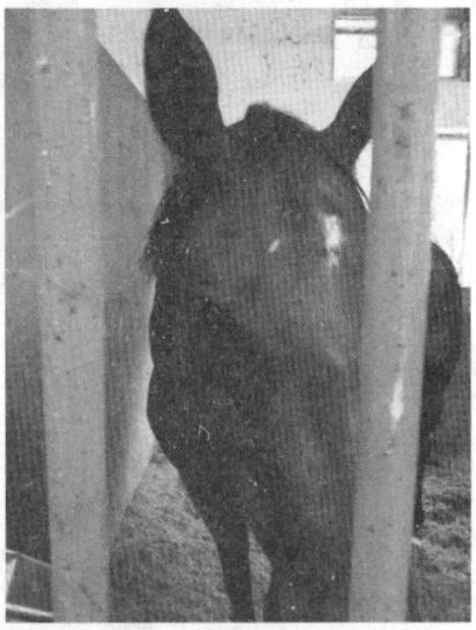

图 3-2-15 额刺毛

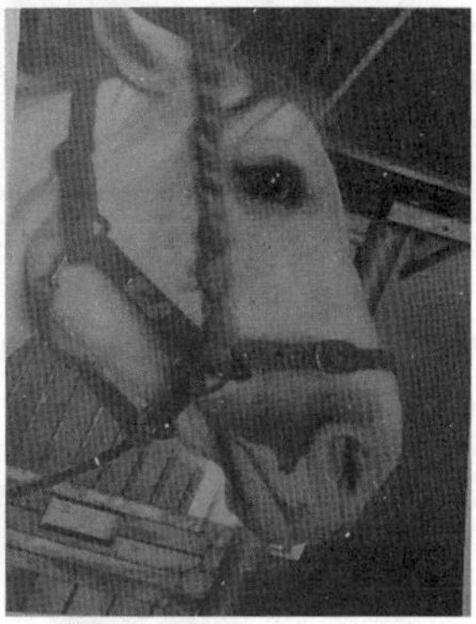

图 3-2-16 粉口

（引自韩国才《相马》中国农业出版社 2014 年）

鼻梁至上唇有白斑叫白鼻，仅鼻端有白斑称鼻端白。如果白斑较大扩展到脸部的叫白脸。

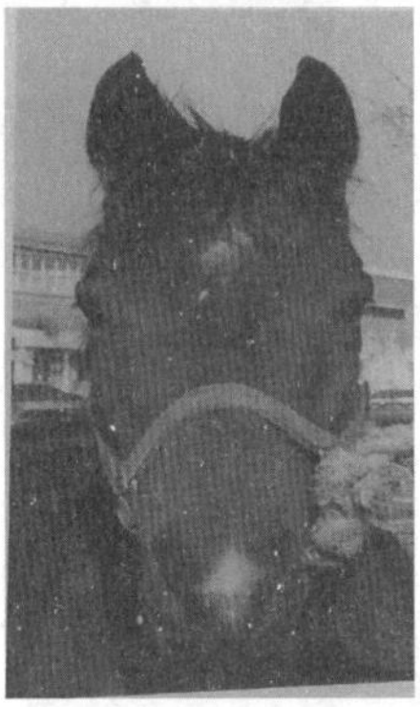

图 3-2-17 鼻端白

图 3-2-18 白脸

（引自韩国才《相马》中国农业出版社 2014 年）

上唇或下唇部分为白斑称唇白，上下唇全白叫粉口。

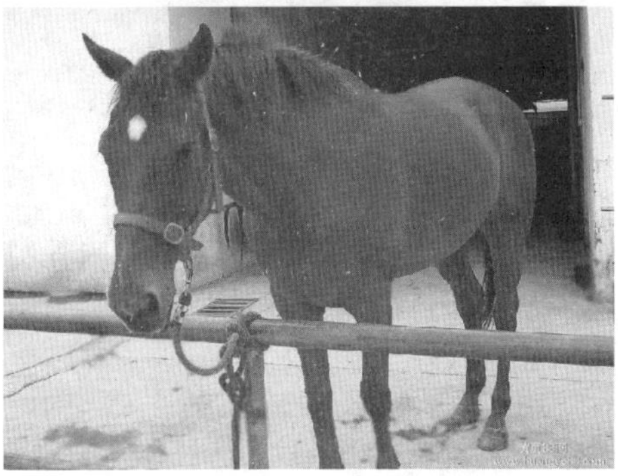

图 3-2-19 小星

图 3-2-20 大星

图 3-2-21　宽流星与断流星

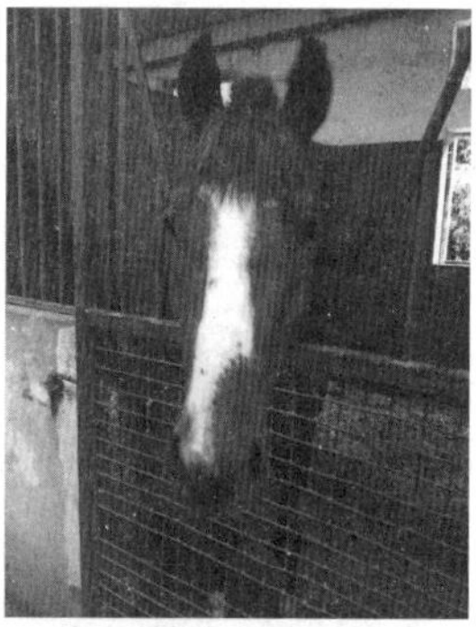

图 3-2-22　宽流星

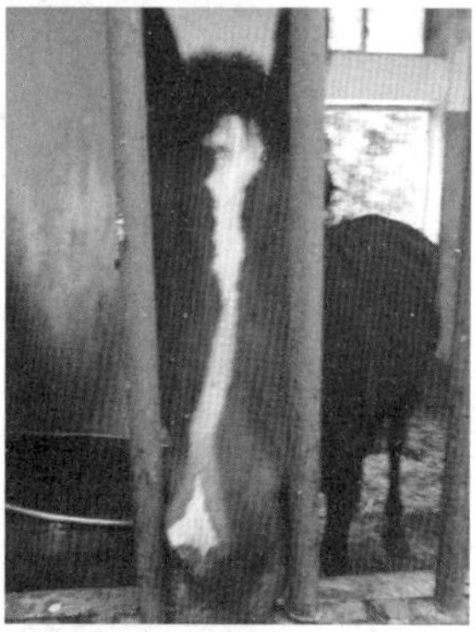

图 3-2-23　窄流星

图 3-2-24　断流星

（引自韩国才《相马》中国农业出版社 2014 年）

（二）四肢白章

四肢白章即马匹前后肢部有白斑。四肢白章的命名相对简单，原则是白斑长在什么地方就叫什么白。如蹄冠是白的叫蹄冠白；系部为白色叫系白；球节为白色叫球节白；管部为白色叫管白；可按白毛面积所占管部的大小称二分之一管白或三分之一管白；四肢下部全是白色，叫踏雪，按白毛部分的高低，分浅踏雪和深踏雪（又称雪里站）。

图 3-2-25　蹄冠白

（引自韩国才《相马》中国农业出版社 2014 年）

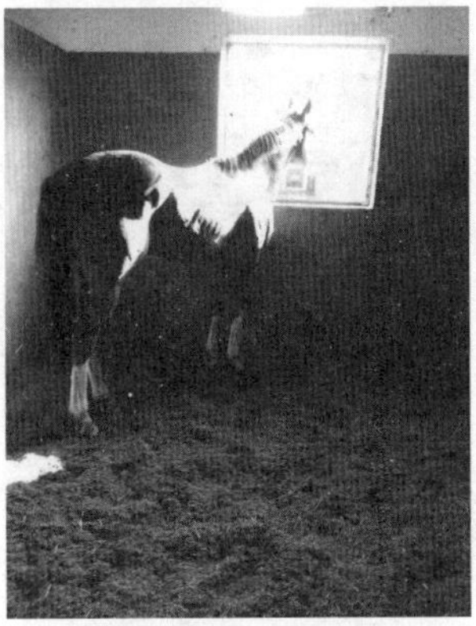

图 3-2-26 踏雪

图 3-2-27 管白

图 3-2-28 管白

图 3-2-29 系白

第四章　马匹体表卫生

马匹体表卫生主要包括刷马、洗马、马匹被毛修剪等工作，是马匹日常护理中的重要内容，也是马匹护理的基础。

第一节　刷马

刷马是指利用工具对马匹的被毛、表皮、鬃毛、尾毛和肢蹄等进行清洁护理的日常要务。马匹刷拭的目的不仅仅是要除去马匹在马厩内沾污的垫料泥土和粪尿等污物，使马匹外观整洁，而且还有更多作用。

一、马匹刷拭的作用

（一）使马匹体表清洁

这是马匹刷拭的基本作用，通过利用各种刷马工具，如橡胶刷、硬毛刷等除去马匹在马厩内沾污的垫料泥土和粪尿等污物，或运动训练过程中沾染的泥土、砂砾、汗液等污物，使马匹保持体表整洁，从而避免其患上各种皮肤和被毛的疾病。

（二）按摩肌肉筋腱

马匹刷拭过程中，通过刷拭工具与马匹体表的不断接触、按压，从而起到按摩马匹肌肉筋腱的作用，这对于缓解马匹运动产生的疲劳有显著的效果。因此，不仅在运动之前要进行刷马，运动结束后更需要刷马，这可以促进马匹运动疲劳的恢复。

（三）检查全身每个细小部位，及时发现马匹伤病，及早治疗和处理

马匹有些细微的伤病由于位置比较隐蔽或者被马毛遮盖而容易被忽视，造成病情加重。而马匹刷拭过程中，会达到马匹全身各个部位，而且也会翻开马匹被毛，暴露马匹体表。这就为全面检查马匹体表提供了条件。在刷马过程中一边清洁和按摩马匹，同时也要仔细观察马匹体表状况，及时发现隐藏在被毛下面细微的伤病，及早治疗和处理。因此，刷马过程中要强调“眼手合一”，即手刷到马匹哪里，眼睛应该看到哪里，观察到哪里。只有这样才能真正起到刷马的作用。

（四）达到人马亲和

一般情况下，马匹是很享受刷拭过程的，因为刷拭可以清洁其体表，按摩肌肉使马匹感觉舒服。刷马的过程，实际上是人与马相互交流的过程，人通过刷马的机会与马匹接触，通过语言与马匹交流，虽然马匹听不懂人类的语言，但是能感受到人对它的照料与爱

护，从而培养与人的感情，加深对人的依恋，建立人马亲和。只有建立人马亲和，马匹才会配合人类，这对管理与调教马匹是非常重要的。

二、马匹刷拭常用工具

马匹刷拭的常用工具包括：橡胶刷（按摩刷）、硬毛刷（长毛刷）、软毛刷（短毛刷）、毛巾或海绵、鬃毛梳、尾毛梳（马尾梳）、金属刷（铁刮）等七种。

（一）橡胶刷（按摩刷）

橡胶刷又称为按摩刷，为橡胶制椭圆形锯齿状刷。主要作用是利用橡胶坚硬的锯齿刮擦、翻出马被毛深处及皮肤表面的较大异物、泥土、沙石、皮屑，甚至粪便等。同时，也有按摩马匹体表，促进血液循环的作用。在马匹日常护理中广泛使用。

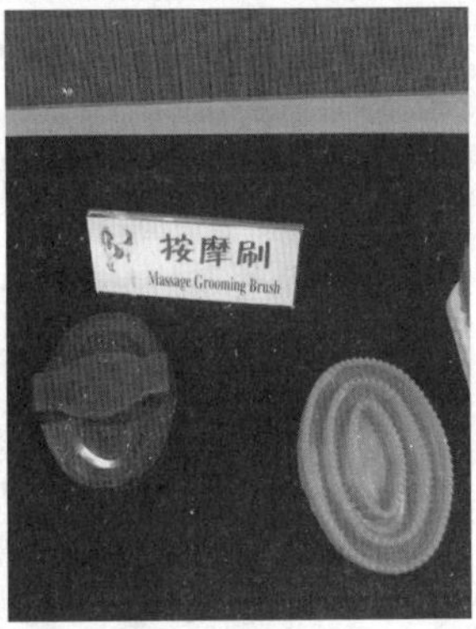

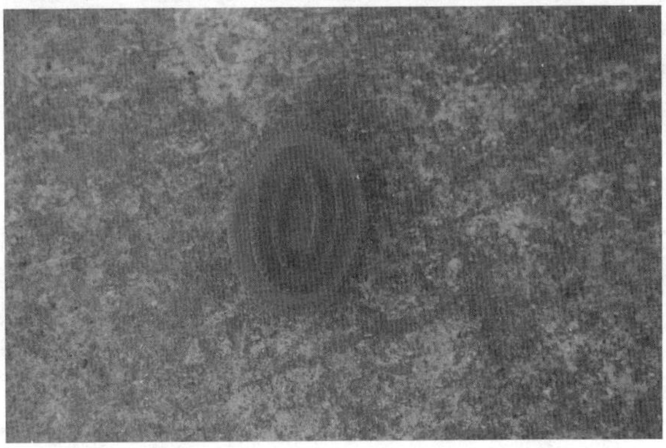

图 4-1-1　橡胶刷（按摩刷）

（二）硬毛刷（长毛刷）

硬毛刷又称为长毛刷。硬毛刷的制作材料包括塑料丝、尼龙丝、剑麻等，质地坚硬，刷毛之间间隙较大。马匹护理最常用的为塑料丝制作。其主要作用是将橡胶刷刮出的马匹被毛深处及皮肤表面的各种脏物刷掉。使用硬毛刷时需注意手部动作的正确性，否则很难达到预期的刷拭效果。

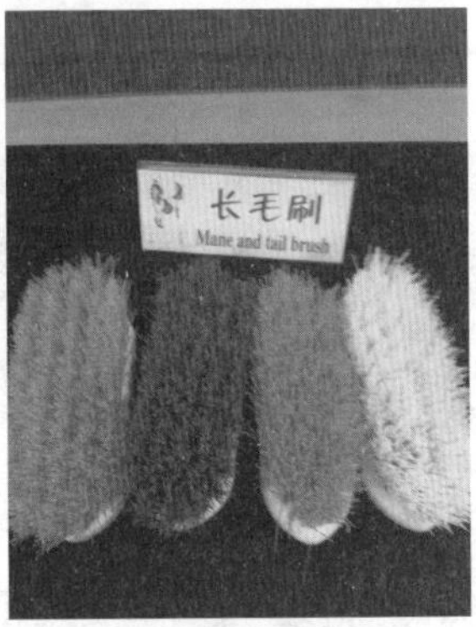

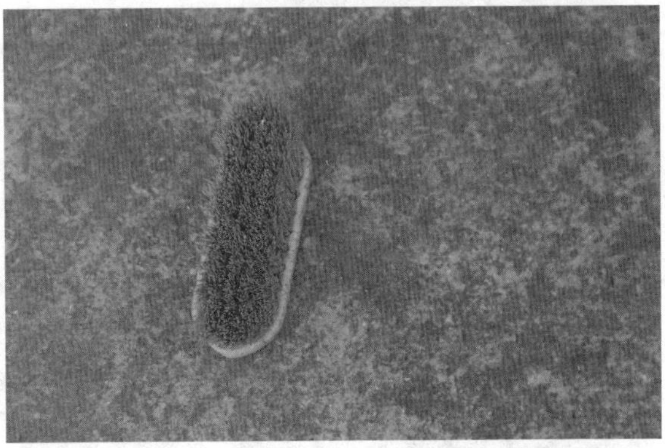

图 4-1-2　硬毛刷

（三）软毛刷（短毛刷）

软毛刷又称为短毛刷。软毛刷的制作材料主要是猪毛，或马毛，质地柔软，刷毛之间间隙很小。主要作用是将硬毛刷刷拭过后残留在马匹被毛表面的细小污物，如沙子、泥土等刷拭掉。其手部动作要领与硬毛刷相同。

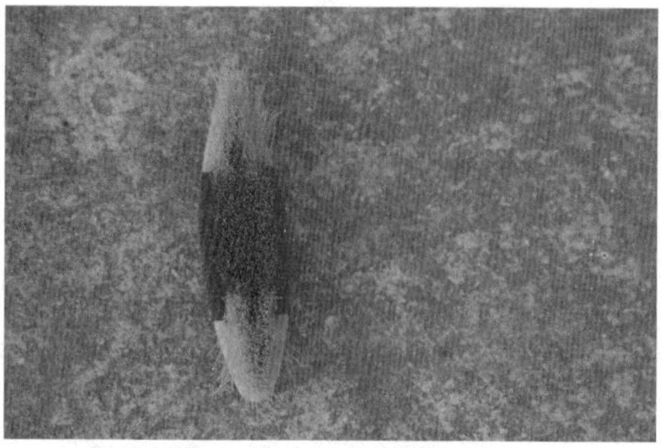

图 4-1-3　软毛刷 正面

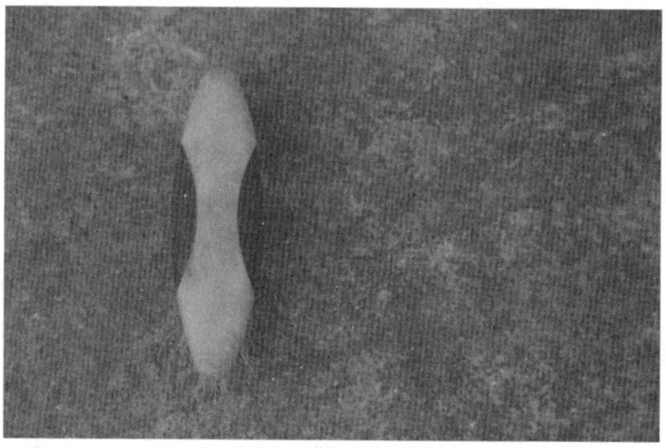

图 4-1-4　软毛刷 背面

（四）金属刷（铁刮）

金属刷又称为铁刮，一般为铁制，边缘有锯齿。主要用来清理、清洁其他刷或梳，如鬃毛梳或尾毛梳以及橡胶刷等。当其他的刷或梳使用后，刷或梳上会聚集有脱下来的马毛或其他污垢，影响继续使用，这时可以用金属刷来清理这些污垢和杂物。需指出的是，金属刷不能用来刷拭马匹被毛或尾毛甚至皮肤等部位，以免造成马匹脱毛或皮肤损伤、发炎。在一些俱乐部存在此类错误用法。

金属刷又称为铁刮，一般为铁制，边缘有锯齿。主要用来清理、清洁其他刷或梳，如鬃毛梳或尾毛梳以及橡胶刷等。

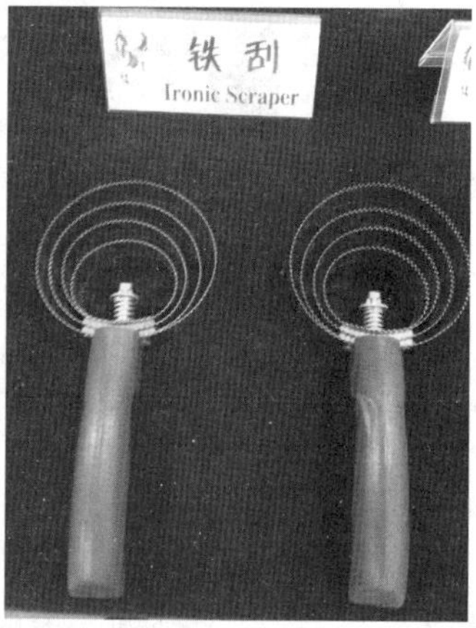

图 4-1-5　金属刷

（五）鬃毛梳

马用鬃毛梳为长柄铁制梳，经久耐用。梳齿间隙较窄，方便梳理。其作用主要是用来梳理马匹鬃毛。

图 4-1-6　鬃毛梳

（六）尾毛梳（马尾梳）

尾毛梳又称为马尾梳，一般用来梳理马匹尾毛。尾毛梳为短柄双环铁制梳，经久耐用，梳齿间隙较大，方便梳理较多尾毛，以防止尾毛卡塞梳齿。

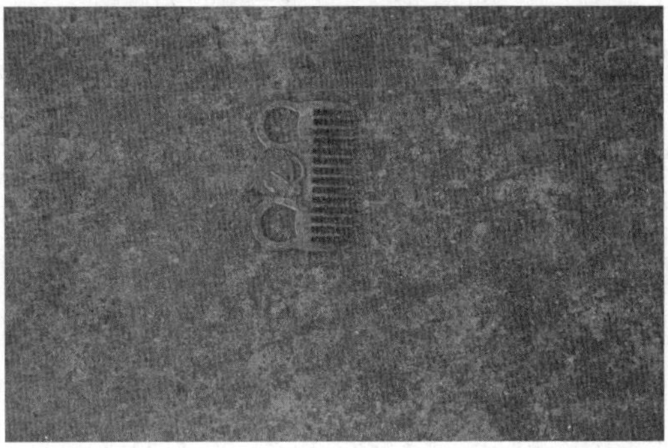

图 4-1-7　尾毛梳

（七）毛巾

刷马过程中，毛巾使用次数较多，主要有几个方面的作用：第一，当用硬毛刷、软毛刷将马匹体表较大污物清理干净后，可以用毛巾抹拭全身被毛，以清除马匹体表微小的灰尘，并将马匹被毛抚平。第二，可以用毛巾清洁马匹面部。第三，可以用毛巾清洁马匹肛门。

图 4-1-8　毛巾

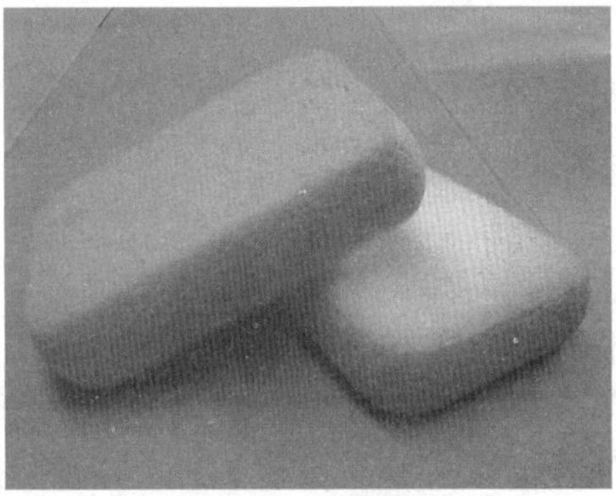

图 4-1-9　海绵

（八）海绵

刷马过程中，海绵和毛巾的作用是相同的，可以互相替代。其作用主要在于清洁马匹面部或肛门。

三、马匹刷拭的要求

（一）刷马前的准备

刷拭马匹前通常要先选定一开阔地带，并且要求该地安全、干净。然后给马匹戴上笼头拴好，避免刺激马匹，使马匹保持安静，做好刷拭前准备。

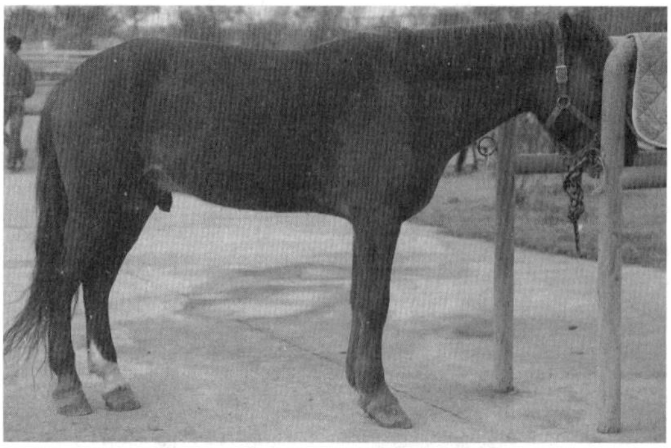
图 4-1-10　马匹刷拭前的准备

（二）刷马的时间与目的

从宏观上说，一年中的任何一天都可以进行刷马，不受气温的影响；从一天来说，刷马一般有两个时间点：一个是骑马之前，另一个是骑马之后。

（1）骑马之前进行刷马主要的目的是清洁马匹体表，使马匹整洁美观，有利于骑乘。相对来说可以简单刷拭，只需将明显的污物清除干净就可以了。

（2）骑马之后进行刷马的主要目的有两个方面：

首先是按摩马匹肌肉，促进马匹缓解运动疲劳。因为运动后马匹比较疲劳，此时刷马，可以利用橡胶刷坚硬的刷齿对马匹体表进行按摩，从而起到加快血液循环，促进疲劳恢复的作用。因此，橡胶刷也称为按摩刷。

其次，运动结束后刷马也有清洁马匹的作用。因为运动过程中马匹体表会沾染上大量的灰尘、泥土和沙子，还有马匹运动中出的汗水，这都需要进行清洁。

需要强调的是，骑马之后进行的刷马作用非常重要，因此须非常仔细和耐心，严格按照刷马全套流程认真完成，不能省略任何步骤。并且，骑马之后的刷马一定要在马匹运动结束之时立即进行，因为这个时候马匹刚运动完，灰尘、泥土等还只停留在被毛表面，很容易清除，刷拭的效果最好。

（三）刷马的顺序与步骤

对于刷马的顺序，存在一定的争论，并没有一个公认的统一标准，不同的马场，不同的马匹管理人员采取的刷马顺序都不尽相同。一般来说，比较通行的刷马顺序为：

刷马一般从脖子开始，遵循先左后右，从上到下，从前到后的原则，按照马被毛走向方向逐渐刷向马匹屁股的方向。

刷马步骤比较明确，具体来说包括以下步骤：

（1）首先，用橡胶刷在马身上以连续划圈或划弧的动作刮拭。就像犁地时，将地下的土壤都翻上来一样，这样做可以刮擦或翻出马毛中间的脏物、灰尘、泥土、沙子，皮屑等。用橡胶刷刷拭时须注意以下几个方面：

①橡胶刷一定要逆被毛方向进行刷拭，否则很难将被毛深处的污物翻出来，达不到清洁效果。

②刷拭顺序为：马匹颈部→肩部→前肢→背部→腹部→臀部→后肢。

③刷拭时执刷手要伸直，以便刷拭时发力。另一只手推动马匹远离自己，以便和马匹保持一定的安全距离，防止被马匹踢伤或咬伤。

④刷拭马匹体表面积较大的部位，如背部、腹部等部位时，可以划圈动作进行刷拭。刷拭体表面积较小部位，如颈部、四肢等部位时，可以划弧动作进行刷拭。

⑤刷拭骨头突出的位置，以及马匹下腹部、四肢下部等马匹敏感部位时，刷拭动作要轻柔，防止马匹受到刺激；另外，马匹脸部禁止使用橡胶刷。

橡胶刷刷拭顺序图解如下：

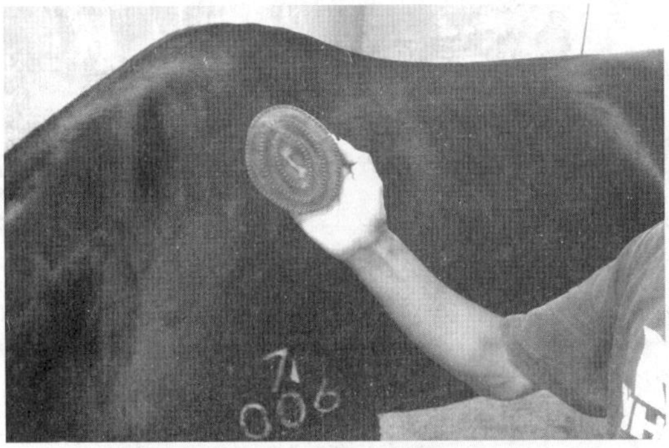

图 4-1-11　拿橡胶刷的正确姿势

图 4-1-12　第一步，从马匹颈部开始

图 4-1-13　第二步，刷拭马匹肩部

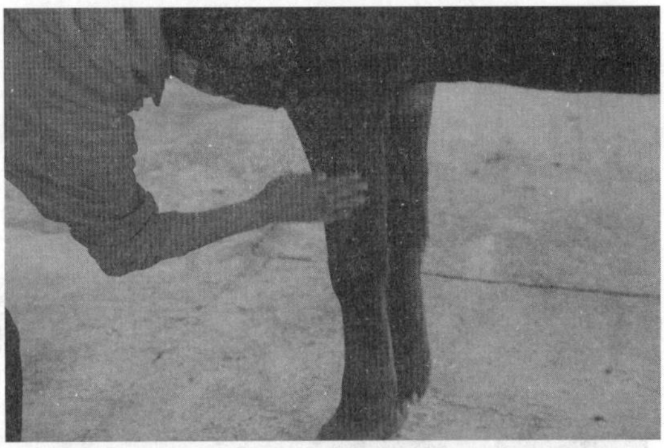

图 4-1-14　第三步，刷拭马匹前肢

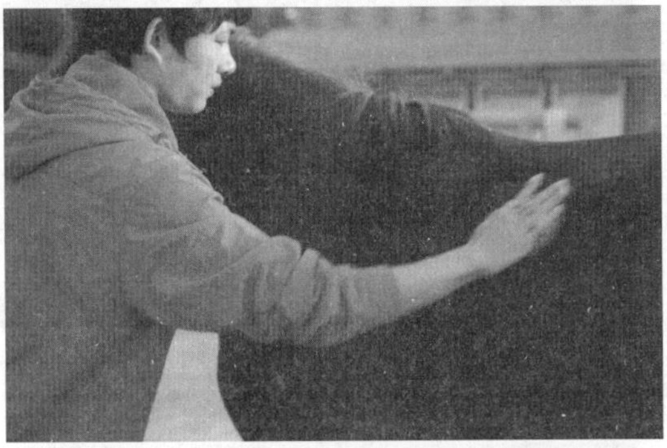

图 4-1-15　第四步，刷拭马匹背部

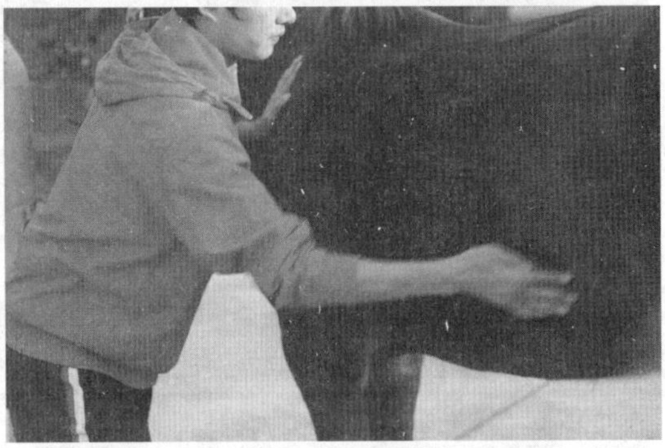

图 4-1-16　第五步，刷拭马匹腹部

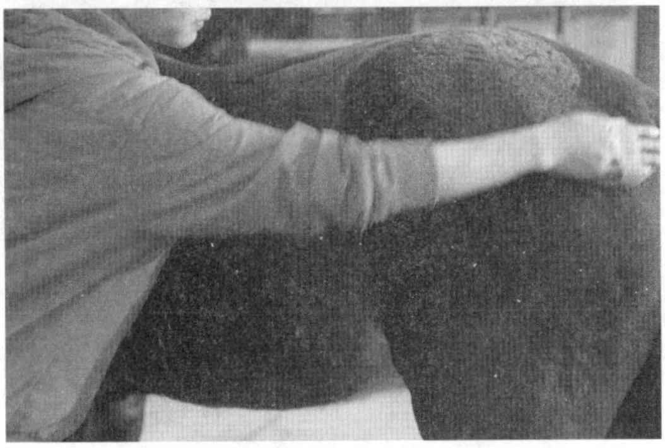

图 4-1-17　第六步 刷拭马匹臀部

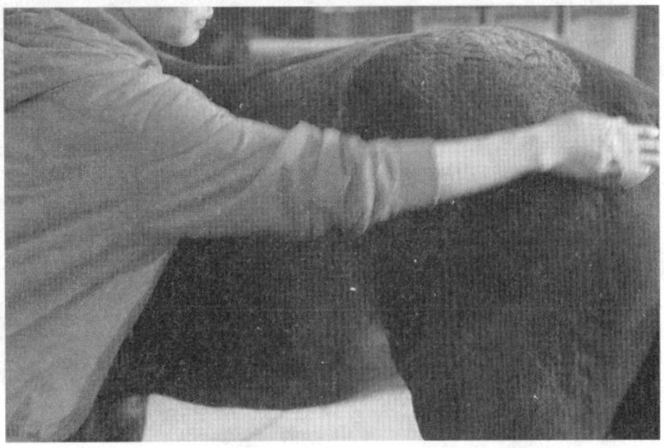

图 4-1-18　第七步 刷拭马匹后肢

（2）用硬毛刷将橡胶刷刮、翻出的泥土、沙子、皮屑等脏物刷掉。用硬毛刷刷拭时须注意以下几个方面：

①刷拭时要顺着马匹被毛方向。

②刷拭的动作要像拿着扫帚扫地那样，一定要有快速的甩带动作，只有这样才能将污物从马毛中间刷带出来，如果动作太慢，污物出不来而只是在马毛中间被推来推去，达不到清洁的效果。

③刷拭时执刷手要伸直，以便刷拭时发力。另一只手推动马匹远离自己，以便和马匹保持一定的安全距离，防止被马匹踢伤或咬伤。

④刷拭的力度要适中，过轻会刷不掉脏物，过重则会让马难受。在刷拭马匹敏感部位如腹部、四肢下部时，动作要轻柔。

⑤刷拭的顺序和橡胶刷一致，即马匹颈部→肩部→前肢→背部→腹部→臀部→后肢。

硬毛刷刷拭顺序图解如下：

（3）使用软毛刷做被毛清洁的扫尾工作。通过软毛刷细小致密的刷毛将硬毛刷刷拭过后遗漏下来的细小污物刷拭干净。使用软毛刷时要注意以下几个方面：

①刷拭时要顺着马匹被毛方向。

②刷拭时也要注意动作要像拿着扫帚扫地那样，有快速的甩带动作，这样软毛刷就可以带出硬毛刷漏掉的细微灰尘，可以让被毛恢复平整贴服，增加被毛的光亮。

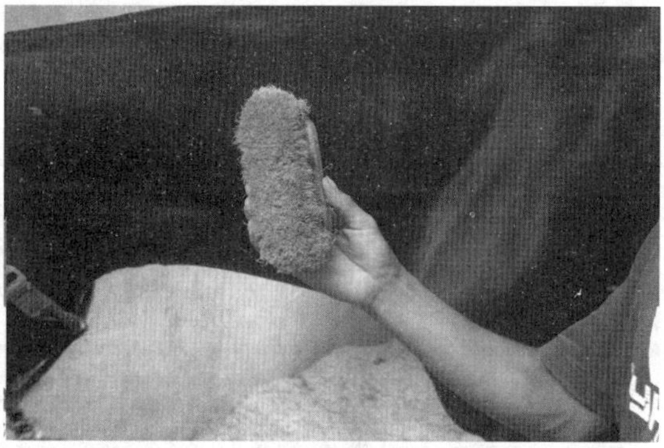

图 4-1-19　拿硬毛刷正确姿势

图 4-1-20　第一步 刷拭马匹颈部

图 4-1-21　第二步 刷拭马匹肩部

图 4-1-22　第三步 刷拭马匹前肢

图 4-1-23 第四步 刷拭马匹背部

图 4-1-24 第五步 刷拭马匹腹部

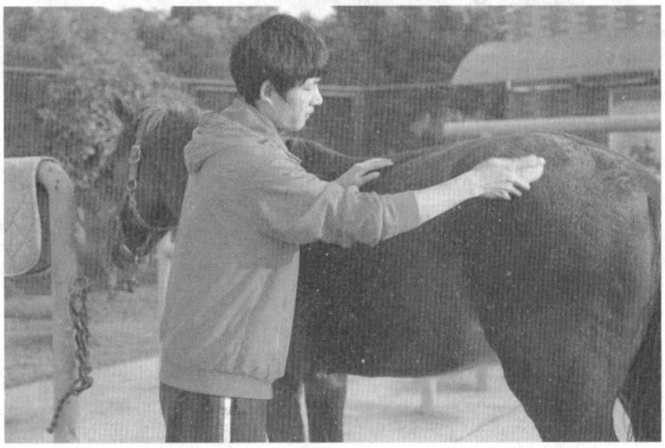

图 4-1-25 第六步 刷拭马匹臀部

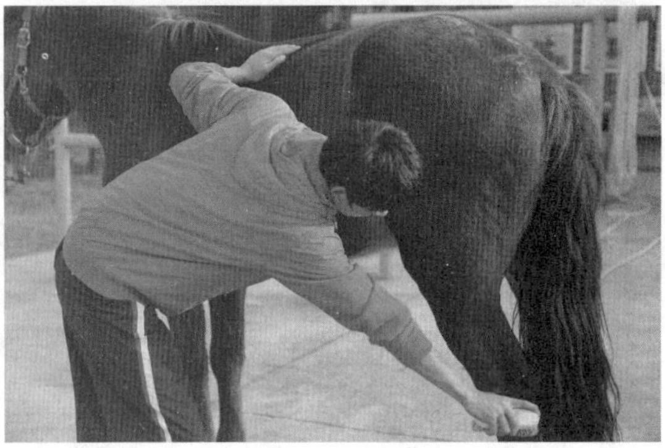

图 4-1-26 第七步 刷拭马匹后肢

③刷拭时执刷手要伸直，以便刷拭时发力。另一只手推动马匹远离自己，以便和马匹保持一定的安全距离，防止被马匹踢伤或咬伤。

④刷拭的力度要适中，过轻会刷不掉脏物，过重则会让马难受。在刷拭马匹敏感部位如腹部、四肢下部时，动作要轻柔。

⑤刷拭的顺序和硬毛刷一致，即马匹颈部→肩部→前肢→背部→腹部→臀部→后肢。

软毛刷刷拭顺序图解如下：

图 4-1-27 第一步 刷拭马匹颈部

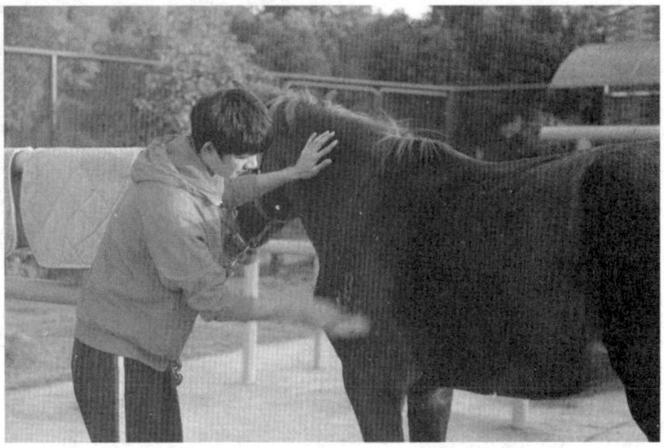

图 4-1-28 第二步 刷拭马匹肩部

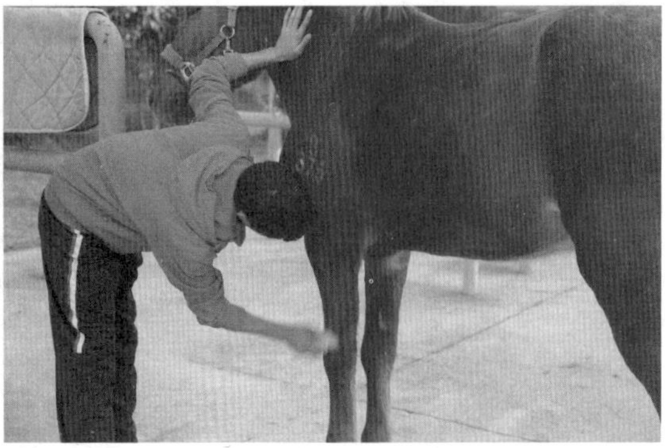

图 4-1-29　第三步 刷拭马匹前肢

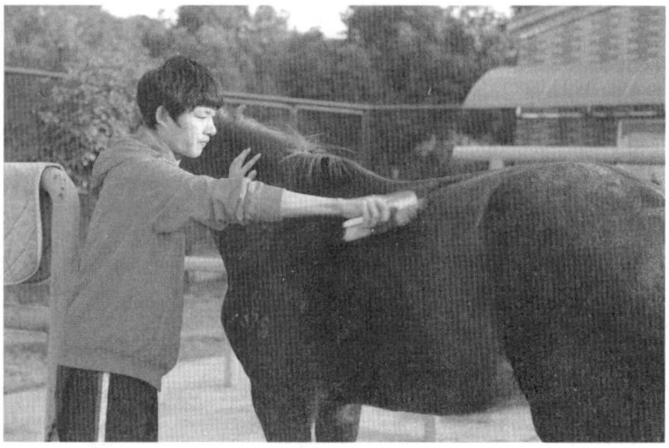

图 4-1-30　第四步 刷拭马匹背部

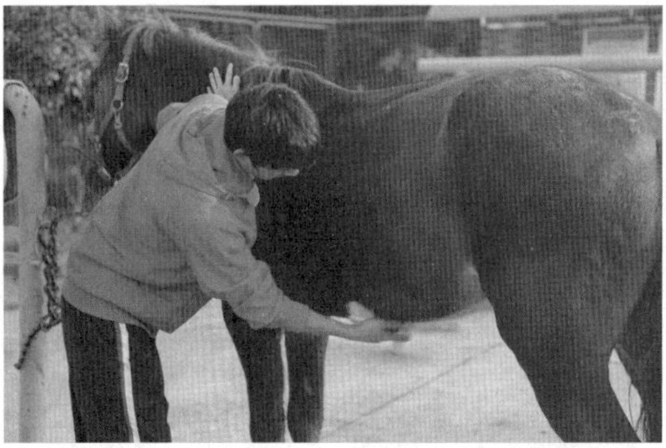

图 4-1-31 第五步 刷拭马匹腹部

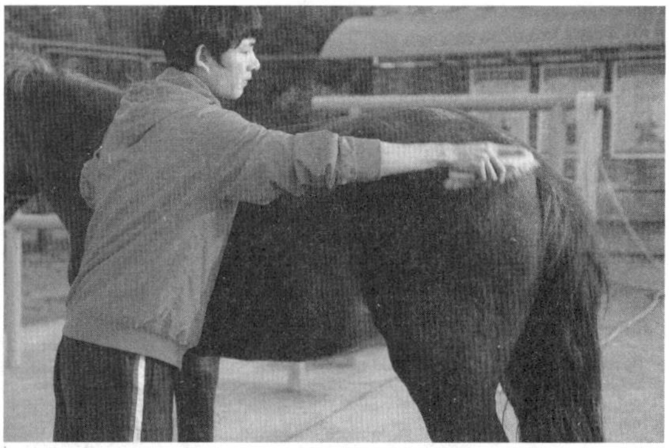

图 4-1-32　第六步 刷拭马匹臀部

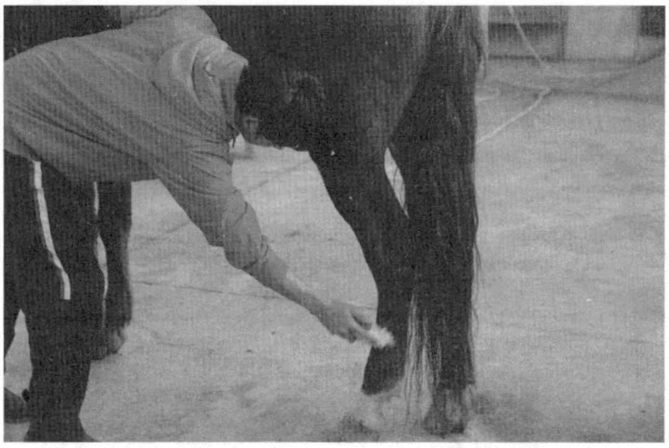

图 4-1-33　第七步 刷拭马匹后肢

（4）被毛清洁完毕后接下来就是清理鬃毛和尾毛。操作时须注意以下几个方面：

①用硬毛刷轻巧的刷掉鬃、尾毛上的泥土灰尘等污物。

②梳理鬃毛。用鬃毛梳分缕将鬃毛梳理整齐。

③梳理尾毛。用尾毛梳分缕将尾毛梳理整齐。

④遇到打结的鬃毛或尾毛需要用手将结仔细地舒解开之后再用梳子梳理。对待马的鬃、尾要像对待自己的长头发那样柔和，绝不可以生拉硬拽。

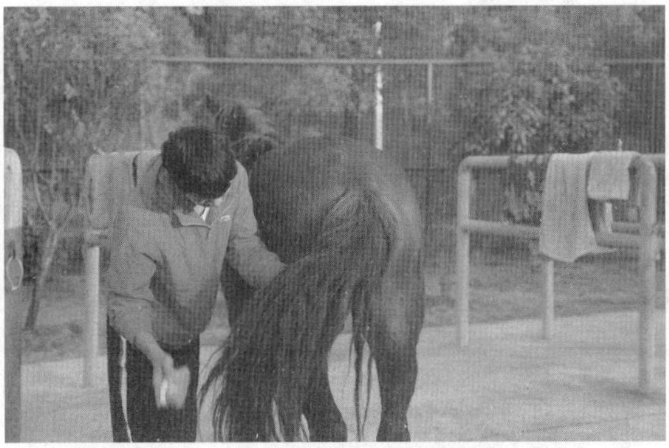

图 4-1-34　用硬毛刷刷掉尾毛上的污物

图 4-1-35　梳理鬃毛

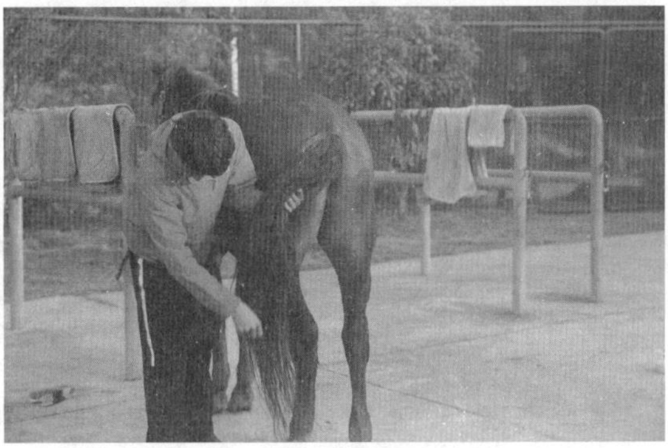

图 4-1-36　梳理尾毛

图 4-1-37　解开尾毛缠结

（5）用毛巾或海绵将被毛上的浮尘抹干净。经过硬毛刷和软毛刷的刷拭，马匹被毛上的污物基本清除干净，再用毛巾或海绵将马匹全身抹拭一遍，以将被毛上的浮尘抹干净，并使被毛服贴、美观。操作时须注意以下几个方面：

①毛巾或海绵应顺着被毛方向抹拭，以使被毛恢复服贴和美观。

②抹拭马匹腹部、四肢下部等马匹敏感部位时，动作要轻柔。

③抹拭顺序与硬毛刷或软毛刷刷拭顺序一致，即马匹颈部→肩部→前肢→背部→腹部→臀部→后肢。

抹拭顺序图解如下：

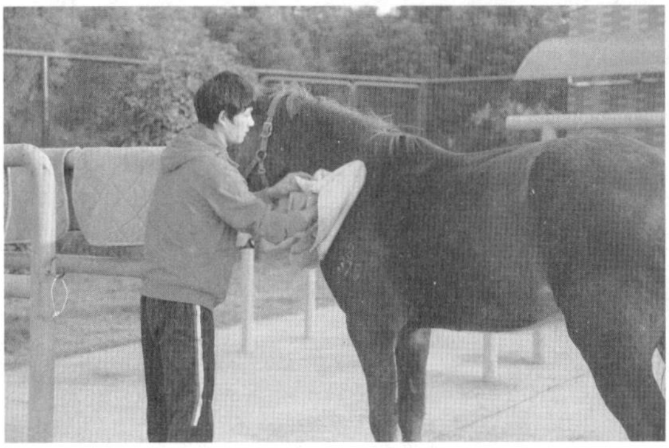

图 4-1-38　第一步 抹拭马匹颈部

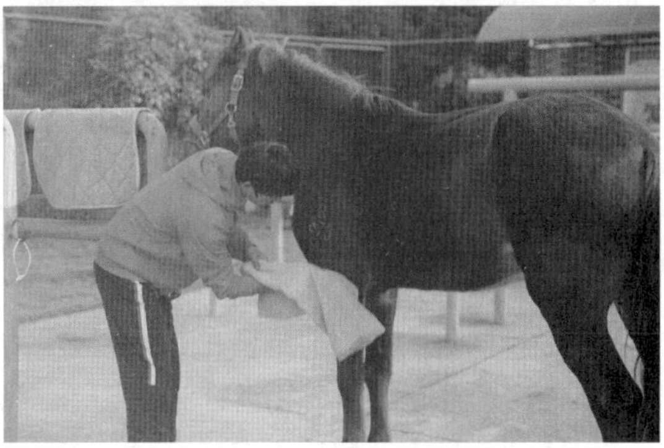

图 4-1-39　第二步 抹拭马匹肩部

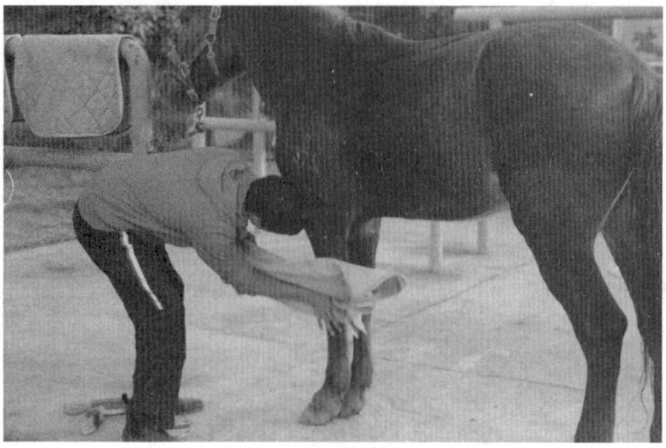

图 4-1-40　第三步 抹拭马匹前肢

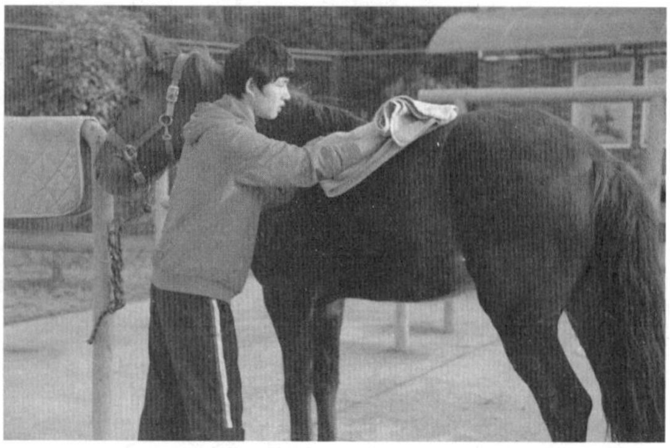

图 4-1-41　第四步 抹拭马匹背部

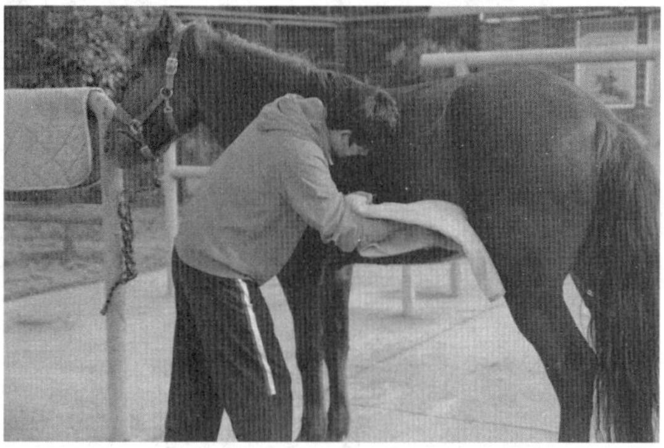

图 4-1-42　第五步 抹拭马匹腹部

图 4-1-43　第六步 抹拭马匹臀部

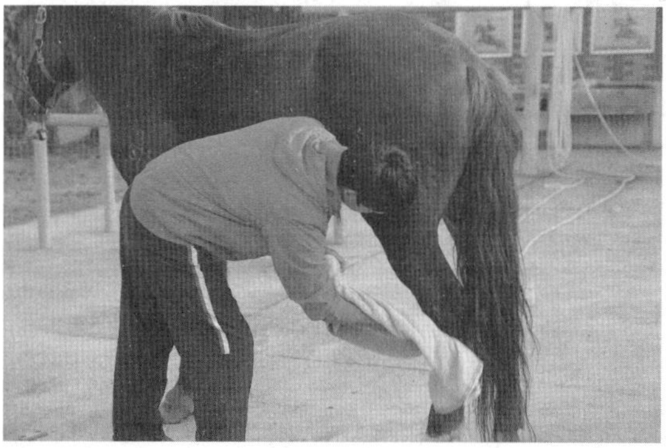

图 4-1-44　第七步 抹拭马匹后肢

（6）清洁马匹面部。

用毛巾或海绵清洁马匹面部，操作时注意以下几个方面：

①从眼部开始，首先清除眼角分泌物，然后清洁眼眶及周边皮肤。

②眼部清洁后将海绵或毛巾洗净、拧干。

③清洁鼻子，首先清除鼻腔分泌物，然后清洁鼻部及周边皮肤。

④清洁嘴巴及周边皮肤。

⑤动作应轻柔，避免马匹难受。

图 4-1-45 清洁眼部

图 4-1-46 清洁鼻子

图 4-1-47 清洁嘴巴

图 4-1-48 动作轻柔

图 4-1-49 清洁大腿内侧及肛门

（7）清洁马匹肛门、尾根、后腿内侧。

清洁马匹肛门、尾根、后腿内侧时须注意以下几个方面：

①用干净的毛巾或海绵清洁马匹肛门处时一定要站在马的一侧，尽可能高地举起马尾，轻轻地把肛门周围和尾根下无毛处的皮肤清洁干净。

②清洁马匹肛门、尾根、后腿内侧的毛巾或海绵不能与清洁面部的混用。

③清洁过程中要注意动作缓慢轻柔，不要让马觉得危险或难受。

（8）最后再用另一块干净湿毛巾先逆毛再顺毛将马匹全身擦拭一遍，顺序与硬毛刷或软毛刷刷拭顺序一致。目的是使被毛服贴，美观，有光泽。

图 4-1-50　第一步 抹拭马匹颈部

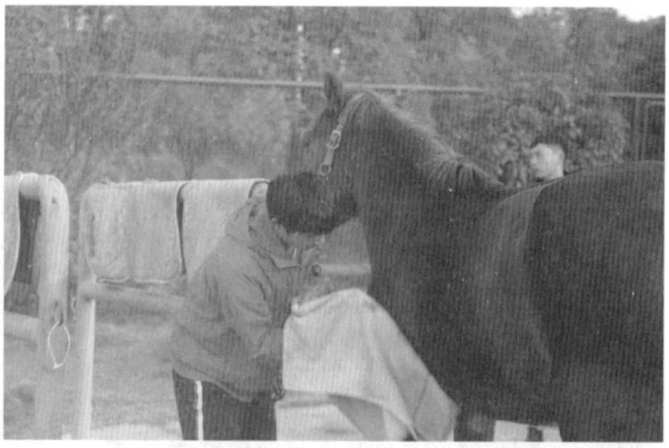

图 4-1-51　第二步 抹拭马匹肩部

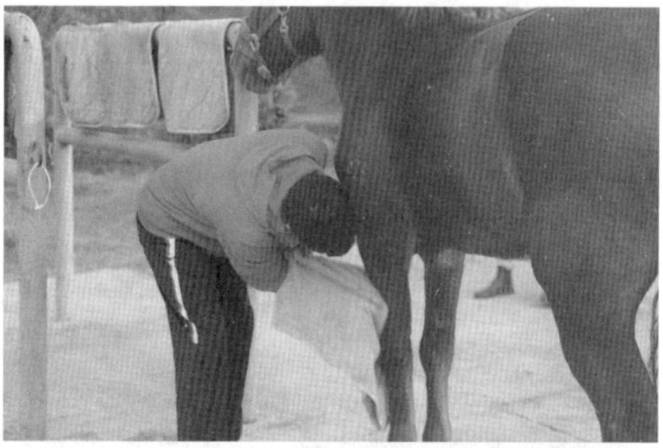

图 4-1-52　第三步 抹拭马匹前肢

图 4-1-53　第四步 抹拭马匹背部

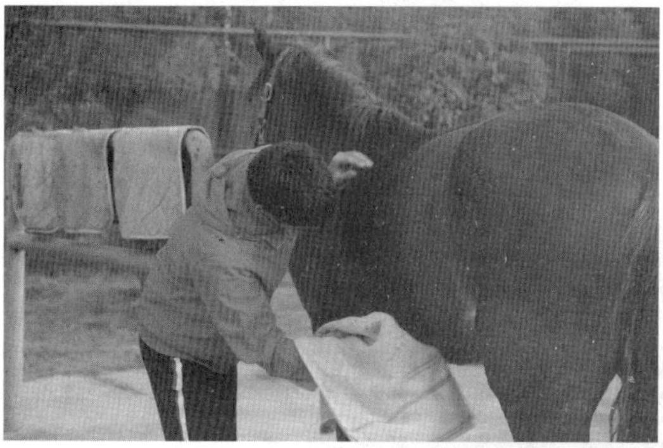

图 4-1-54　第五步 抹拭马匹腹部

图 4-1-55　第六步 抹拭马匹臀部

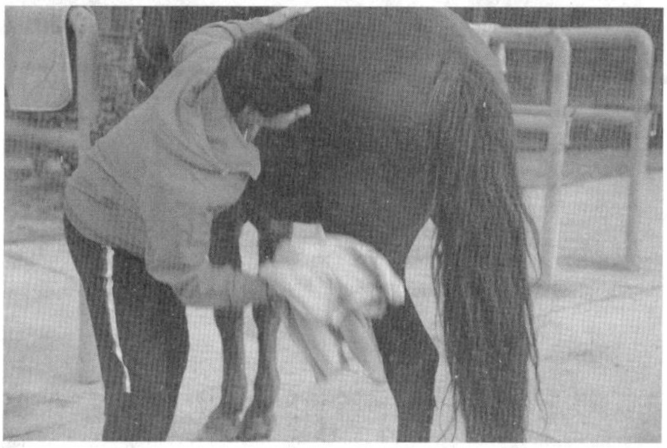

图 4-1-56　第七步 抹拭马匹后肢

四、马匹刷拭过程中的注意事项

（一）刷马过程中检查马体，及时发现其伤病和不适

刷马不仅仅只是对马匹进行清洁的过程，而且是要充分利用这个机会，在刷马过程中仔细检查马匹体表各个部位的情况，尤其是平时位置比较隐蔽或被马匹被毛遮挡的细微伤病和不适，以及时发现问题，采取措施，促进马匹恢复。

（二）注意动作要缓慢轻柔，不要让马觉得危险或难受

这个主要是指在刷拭马匹时，遇到马匹触觉敏感部位，如眼睛、耳朵、嘴唇、腹部、四肢下部等部位时，动作要缓慢而轻柔，避免刺激马匹，让马觉得危险或难受，甚至导致马匹受惊，造成危险。

（三）刷马时要用力适中，不可过轻或过重

刷马时如果用力过轻就会给马骚痒的感觉，马匹以为人在跟它开玩笑；如果用力过重则会弄痛马匹，马感到不舒服就会产生抵抗情绪。所以，在刷拭马匹过程中，遇到骨骼多的地方动作一定要轻一点，遇到马的敏感部位如腹部、腋下、四肢下部等地方，要用手先抚摩，给它充分的准备，降低敏感性后，再去刷拭。刷拭时动作要轻柔，避免刺激马匹。

（四）马头面部抹拭要谨慎

因为马匹头部的骨骼较多，因此抹拭马头面部时一定要小心谨慎。马的耳朵比较敏感，因此，在梳理马头的时候，要先用手尝试着去接触马匹，如果马没有不愉快的反应，方才可以清洁马耳。眼部、口鼻部的清洁也是如此。抹拭马头面部时一定不要站在马头的正面，要站在马头的侧面，防止被马头打着。

（五）刷马过程中避免用有害的清洗液

这个主要是防止有害清洗液对马匹的伤害，特别是马匹的眼睛、嘴唇等部位不能接触有害清洗液。

第二节 洗马

洗马主要有两种方式，一种是水洗，另一种是沙洗。通常所说的洗马指的是水洗，而沙洗一般称为“沙浴”或“放沙”。

一、水洗

（一）水洗的作用

水洗是清洁马体的方法之一，马匹运动流汗后，进行水洗，可去除马匹身上的尘土与汗水等污物，以保持马匹体表清爽，避免发生皮肤病。

运动训练后的马匹用凉水冲腿可以起到良好的冷敷作用，防止发生屈腱炎（胀筋）等疾病。

（二）水洗的基本工具

1. **短毛颗粒刷**

正面为毛刷面，附着塑料制短毛；反面为颗粒面，附着塑料制颗粒。颗粒面主要用于清洗马匹躯干，毛刷面主要用于清洗马匹四肢。

图 4-2-1　短毛颗粒刷

图 4-2-2　按摩刷

2. **橡胶刷（或按摩刷）**

橡胶刷（或按摩刷）除了刷马中使用外，在洗马过程中也经常用到，有时替代短毛颗粒刷对马匹进行清洗。

3. **海绵**

质地柔软，吸水性良好，含水量大。主要作用为洗马过程中对马匹进行抹拭。

图 4-2-3　海绵

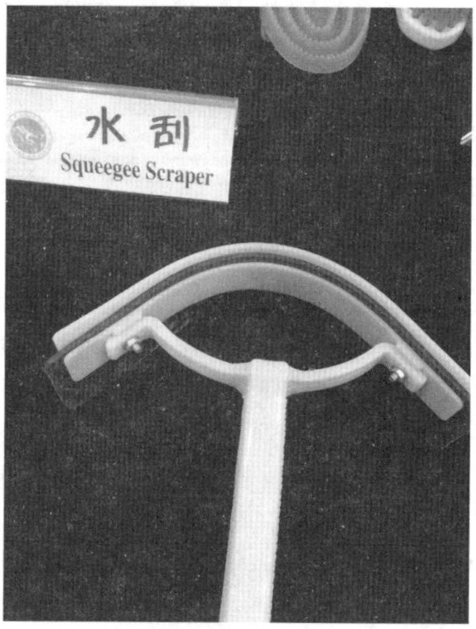

图 4-2-4　水刮

4. 水刮

塑料制，重量较轻，携带方便。主要用于马匹清洗完毕后快速去除马体表的水，防止马匹受凉感冒。

5. 毛巾

棉质最好，吸水性强，主要作用为洗马结束时，擦干马匹体表水分，防止马匹受凉感冒。

图 4-2-5　毛巾

图 4-2-6　洗马前的准备

（三）洗马的要求

1. 水洗前的准备

洗马前通常要先选定一开阔地带，并且要求该地安全、干净。然后给马匹戴上笼头拴好，避免刺激马匹，使马匹保持安静，做好洗马前的准备工作。

2. 水洗的时间

洗马的时间，从一年来说，主要是在夏季，我国南方地区在春末和秋初也可进行。而冬季是禁止给马匹水洗的，以防马匹受凉感冒。从一天来说，洗马主要是在马匹运动训练结束后进行，有清洁马匹和预防某些疾病发生的作用。

（四）洗马的顺序

1. 擦洗全身

图 4-2-7　第一步 从马匹颈部开始冲洗

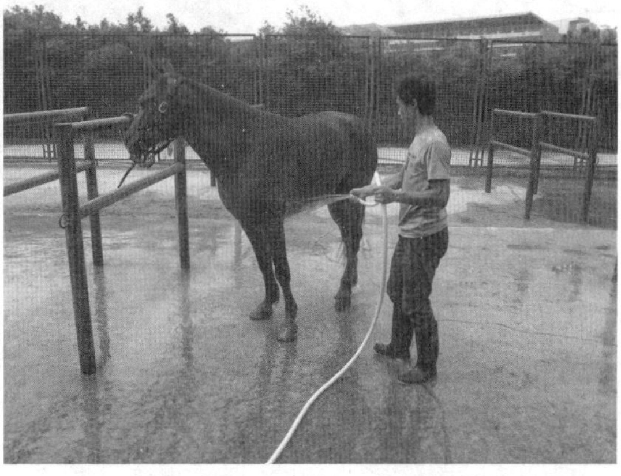

图 4-2-8　第二步 冲洗肩部

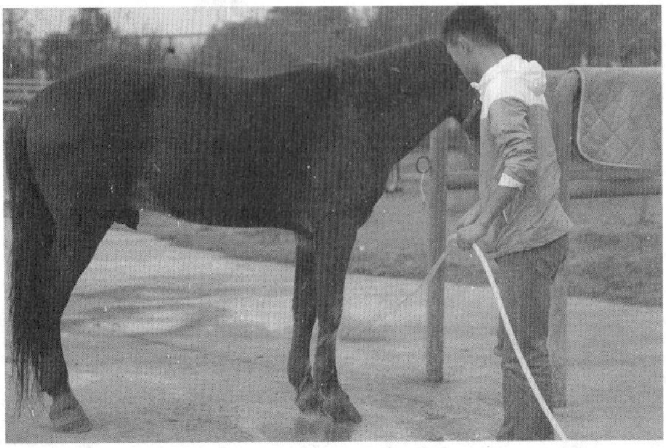

图 4-2-9　第三步 冲洗前肢

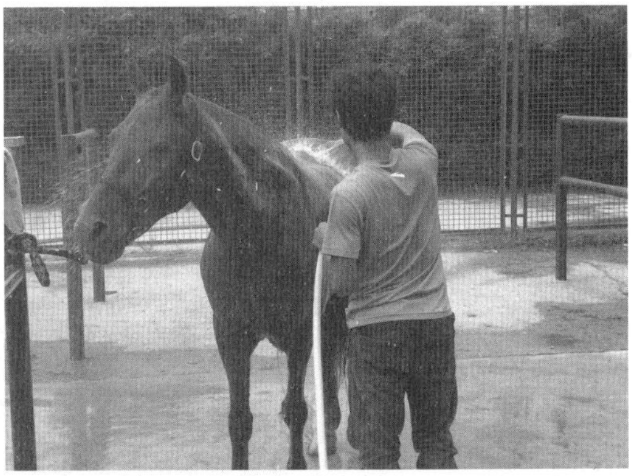

图 4-2-10　第四步 冲洗背部

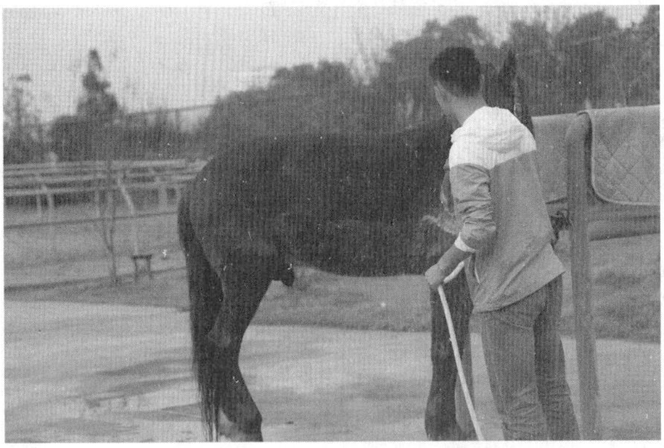

图 4-2-11　第五步 冲洗腹部

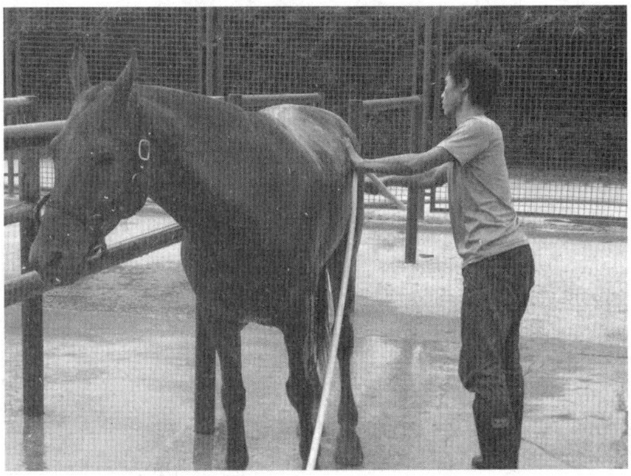

图 4-2-12　第六步 冲洗臀部

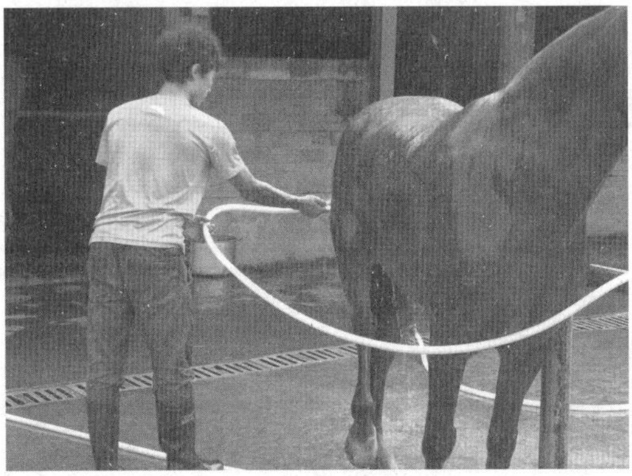

图 4-2-13　第七步 冲洗后肢

擦洗全身时，一般先将马匹全身被毛冲洗一遍；随后用沐浴液从马匹背部开始，遵循从左到右，从上到下，从前到后的顺序按照马被毛走向方向逐渐向马匹屁股方向擦洗；再用清水冲洗马匹全身；然后，用水刮刮掉体表水分；最后用毛巾将全身被毛擦拭干。具体操作包括以下步骤：

（1）用水管从马匹颈部开始，冲洗全身，使全身被毛浸湿。

（2）将沐浴液倒入橡胶刷或短毛颗粒刷内，擦洗全身时，从马匹颈部开始，遵循从左到右，从上到下，从前到后的顺序按照马被毛走向方向逐渐向马匹屁股方向擦洗，最后为马匹后肢。顺序与刷马时一致，即马匹颈部→肩部→前肢→背部→腹部→臀部→后肢。

（3）沐浴液擦洗完成后，用清水冲洗马匹全身，以便将沐浴液冲洗干净（图 4-2-21）。

（4）马匹被毛上没有明显沐浴液泡沫时停止冲洗。冲洗完成后，立即用水刮将马匹体表水分刮掉，顺序与擦洗时相同。刮水时要保证马匹全身各个部位都不遗漏，特别是马匹腹部的水分最多，要尽量刮干。

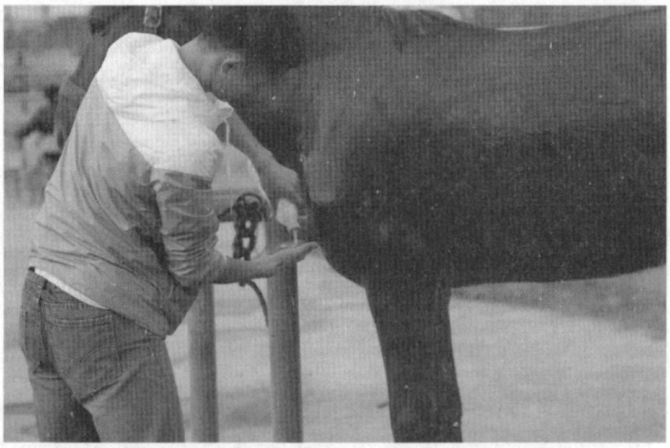

图 4-2-14　第一步 倒入沐浴液

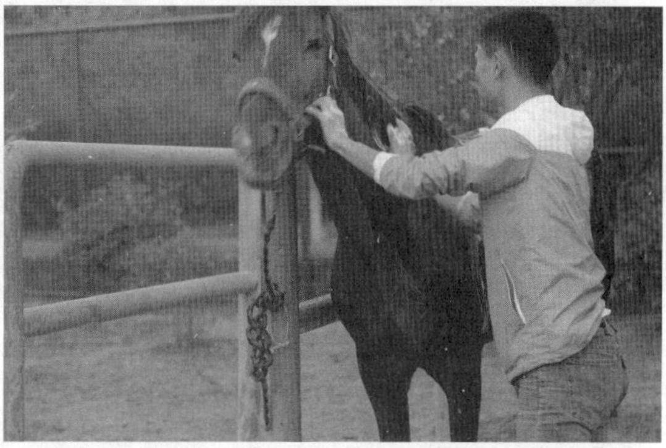

图 4-2-15　第二步 沐浴液擦洗颈部

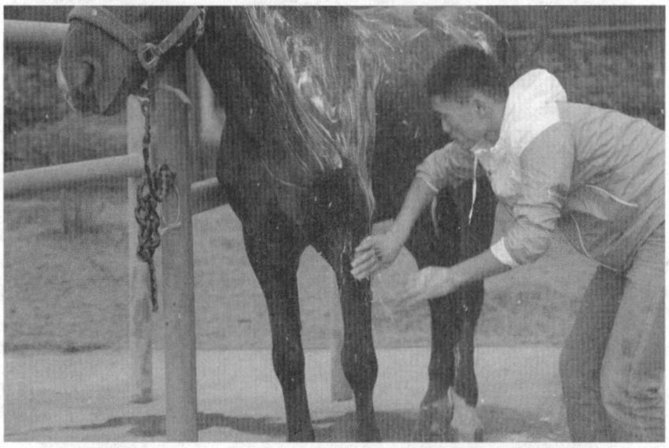

图 4-2-16　第三步 沐浴液擦洗肩部及前肢

图 4-2-17　第四步 沐浴液擦洗背部

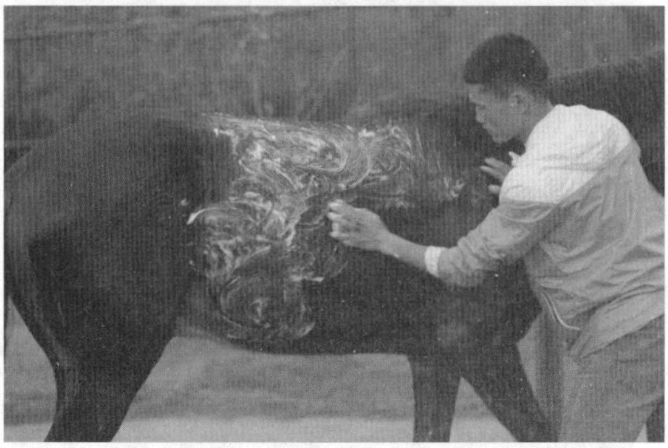

图 4-2-18　第五步 沐浴液擦洗腹部

图 4-2-19　第六步 沐浴液擦洗臀部

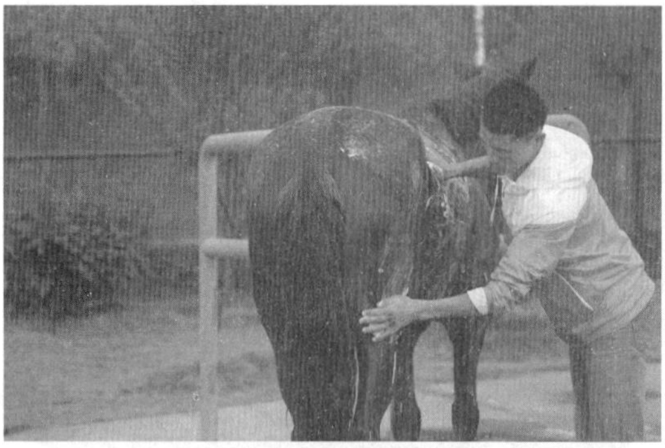

图 4-2-20　第七步 沐浴液擦洗后肢

图 4-2-21　清水冲洗马匹全身

图 4-2-22　第一步 刮掉颈部水分

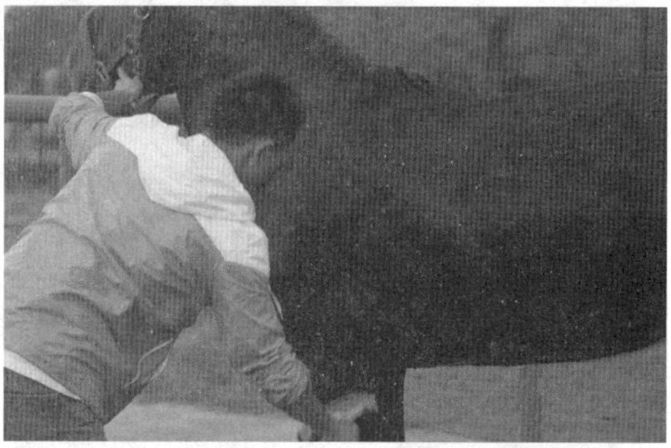

图 4-2-23　第二步 刮掉肩部及前肢水分

图 4-2-24　第三步 刮掉背部水分

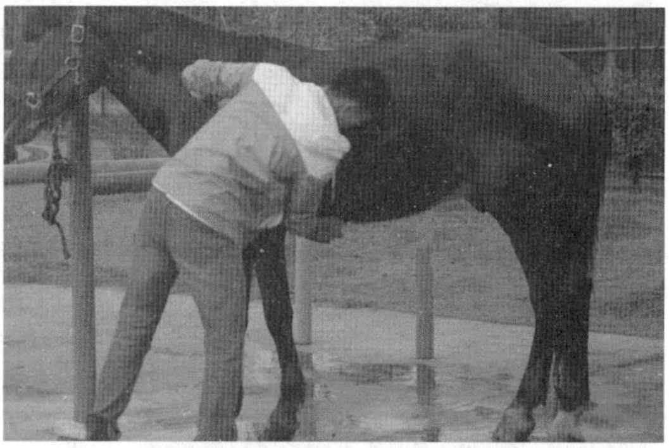

图 4-2-25　第四步 刮掉腹部水分（重点部位）

图 4-2-26　第五步 刮掉臀部水分

图 4-2-27　第六步 刮掉后肢水分

（5）最后用干的干净毛巾或海绵将马匹全身擦拭一遍，顺序与水刮操作一致，即马匹颈部→肩部→前肢→背部→腹部→臀部→后肢。毛巾擦拭须仔细，耐心，不留死角，保证被毛上没有明显水分。

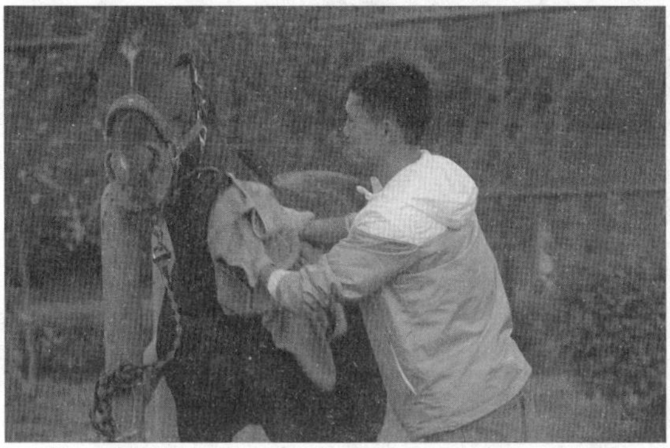

图 4-2-28　第一步 擦拭颈部

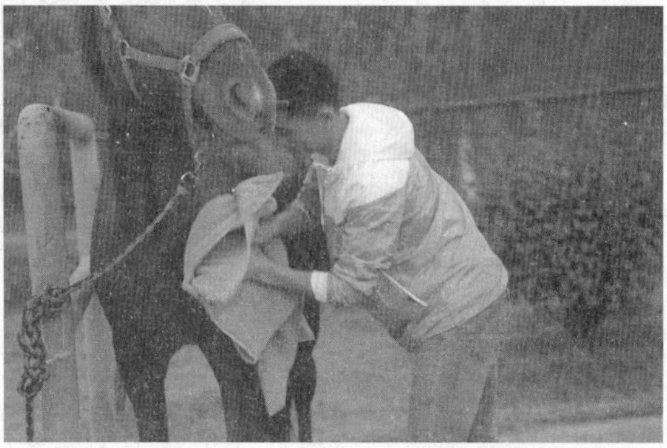

图 4-2-29　第二步 擦拭肩部

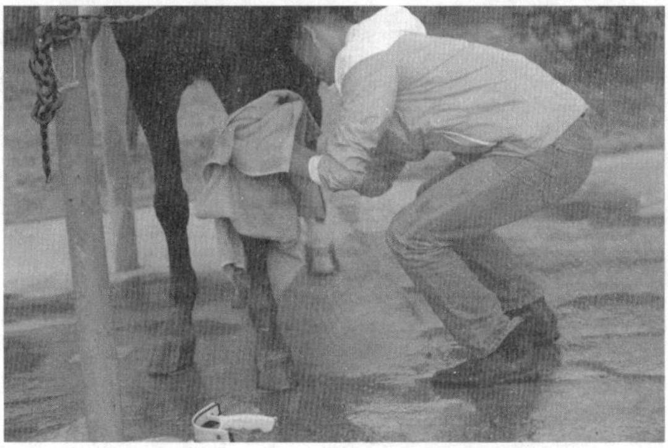

图 4-2-30　第三步 擦拭前肢

图 4-2-31　第四步 擦拭背部

图 4-2-32　第五步 擦拭腹部

图 4-2-33　第六步 擦拭臀部

图 4-2-34　第七步 擦拭后肢

2. **冲洗马尾**

准备一桶温水（水温大约 25℃），少量的洗发精（而不是去垢剂）以及刷子和海绵。

第一步，将马匹尾毛放入温水中或用刷子将尾毛浸湿，以使尾毛中的污垢松开。

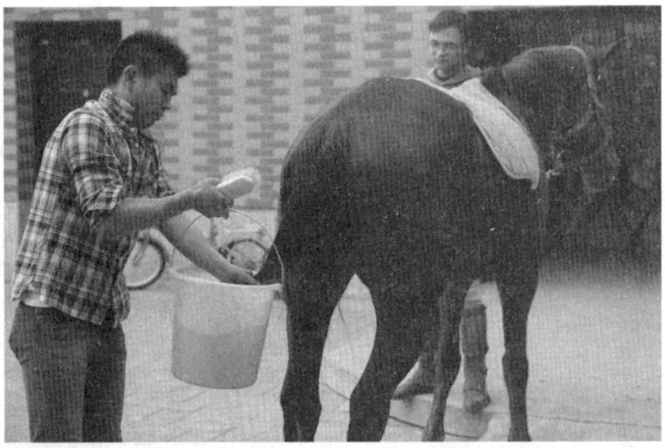

图 4-2-35　第一步 将马匹尾毛放入温水中

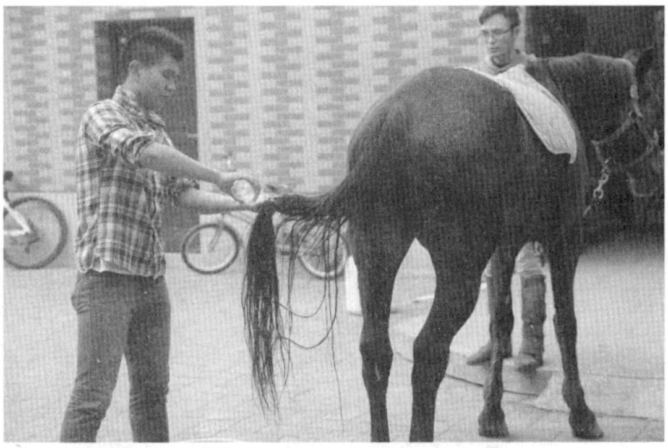

图 4-2-36　第二步 马尾抹上洗发精

第二步，将洗发精抹上马尾，尽量均匀，量不要太多，以免清洁完毕后难以透清。

第三步，清洁马匹尾毛，采用的方法为搓洗尾毛，类似人类搓洗长发的方式。

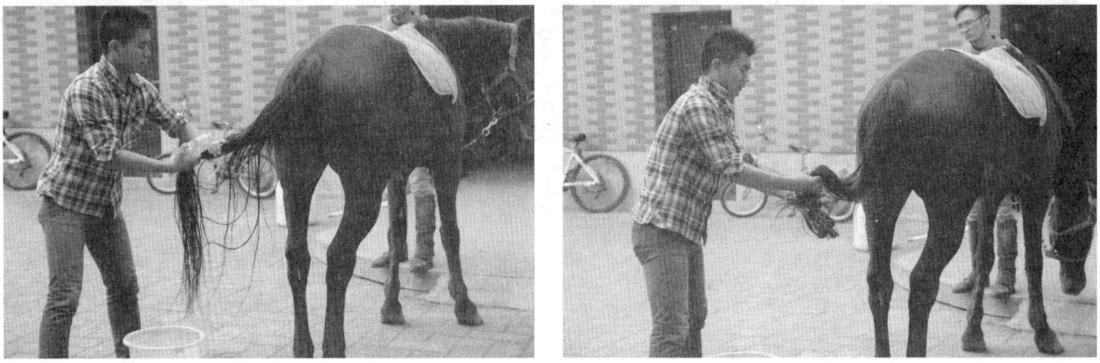

图 4-2-37　第三步 清洁，搓洗马尾

第四步，清洁、搓洗完成之后，另准备一桶温水清透洗发精，如果必要时更换水。

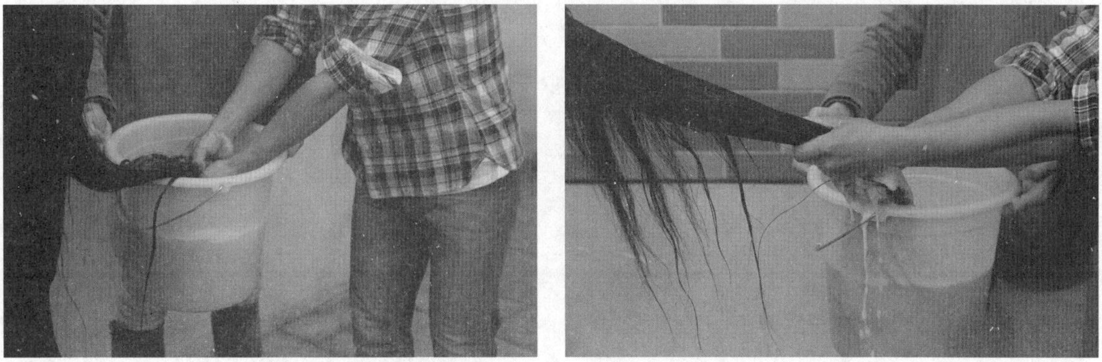

图 4-2-38　第四步 清透洗发精

第五步，当洗发精清透后，马尾上无明显泡沫时，用手挤出马尾中的水，卷拧尾巴甩出其余的水分。

第六步，最后，用干净的刷子刷直尾毛。

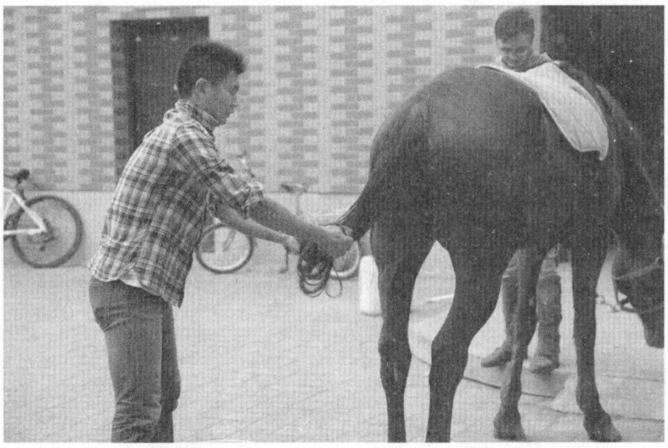

图 4-2-39　第五步 挤出马尾中的水

图 4-2-40　第六步 用干净的刷子刷直尾毛

3. **擦洗鬃毛**

准备一桶温水（水温大约 25℃），少量的洗发精和干净海绵。

第一步，用一大块海绵或毛巾浸湿鬃毛，从鬐甲到门鬃，使水分浸湿到鬃的根部。

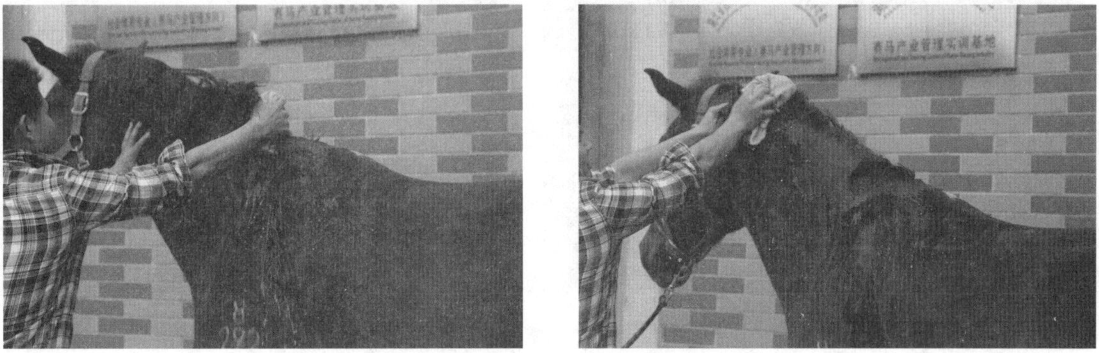

图 4-2-41　第一步 浸湿鬃毛

第二步，在鬃毛上面抹上洗发精，注意量不要太多，以免泡沫太多，难以擦拭。

第三步，用海绵或毛巾从鬐甲开始向前擦拭，小心不要让皂沫浸入马的眼睛或耳朵里。

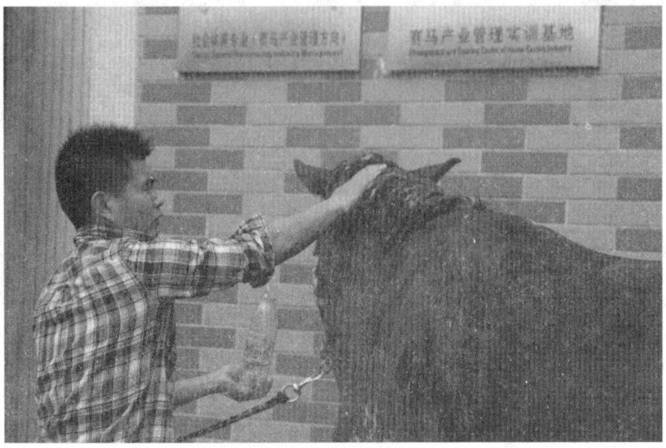

图 4-2-42　第二步 鬃毛上面抹上洗发精

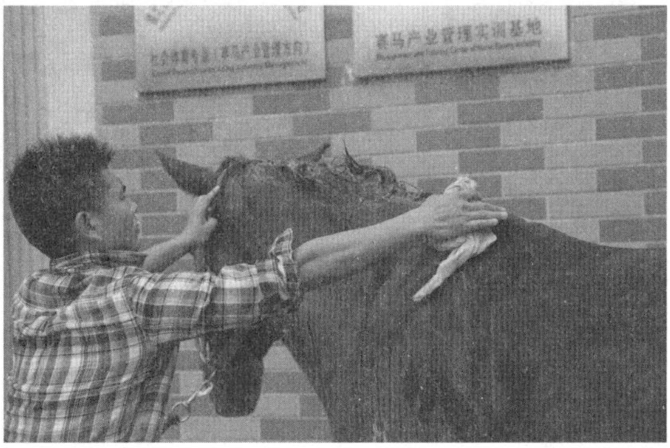

图 4-2-43　第三步 用海绵或毛巾从鬐甲开始向前擦拭

第四步，拧干海绵或毛巾，确信没有皂沫，从门鬃到鬐甲开始擦拭。

第五步，用水刮刮去颈部或肩部的水分。

第六步，用毛巾将鬃毛擦干。

图 4-2-44　第四步 从门鬃到鬐甲擦拭

图 4-2-45　第五步 用水刮刮去颈部水分

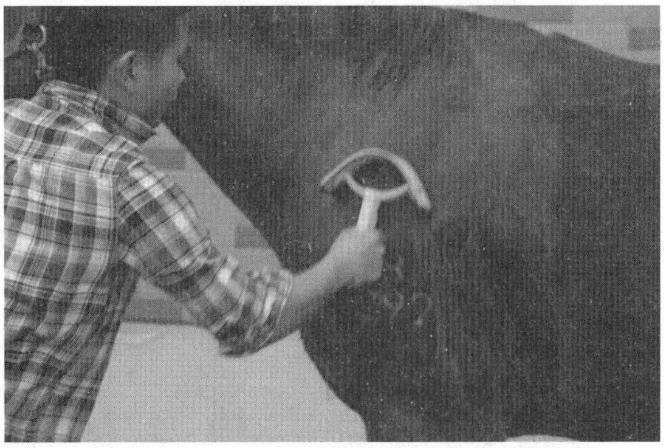

图 4-2-46　第五步 用水刮刮去肩部水分

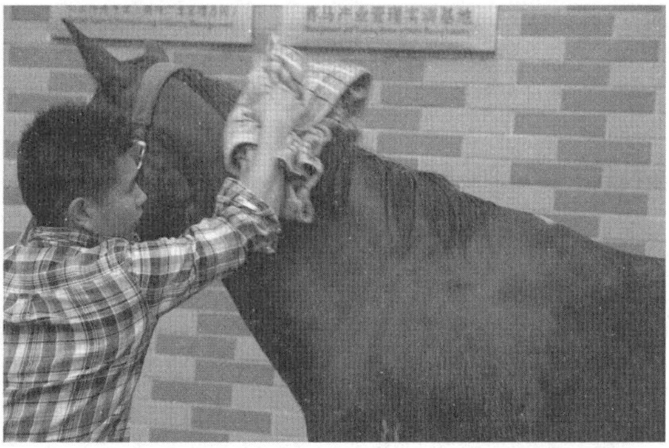

图 4-2-47　第六步 用毛巾将鬃毛擦干

4. 清洗马蹄

清洗马蹄时，一般用刷子在水桶里沾湿，进行清洗。或者直接用水管放水进行冲洗。

清洗马蹄在洗马的最后阶段进行，但不是必备程序，有时也可以不清洗，因为马蹄不宜频繁冲洗。只有当马匹训练以后，或者从野外回来时，有明显的泥土或污物沾染在马蹄底部时才需要清洗。如果是在冬天或者潮湿天气情况下，最好清洗后在蹄踵涂上一层凡士林，以降低蹄踵损伤和污泥感染的风险。

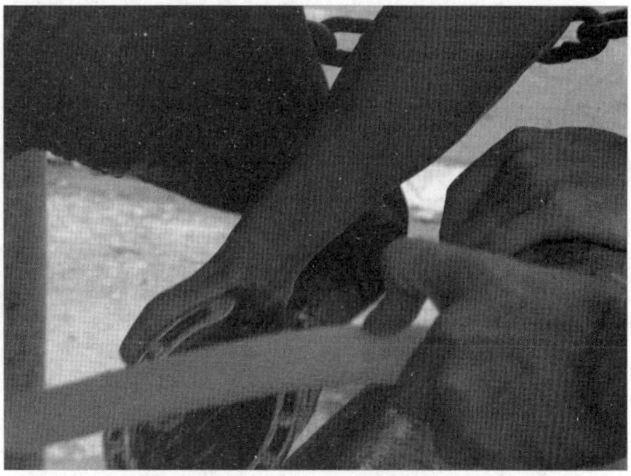

图 4-2-48　清洗马蹄

（五）洗马的注意事项

洗马对环境温度的要求比较高，要求在天气晴朗无风，水温在 15℃以上时才能进行，如果温度过低容易造成马匹受凉感冒。

如果不是大量出汗，要避免过于频繁地洗马，因为经常擦洗会使马匹丢失被毛里的油脂，油脂是马被毛抗风抗雨、抗蚊虫的天然保护剂，丢失后容易引起皮肤疾病。这就和人不能过于频繁地洗澡是一样的道理。

洗马头时要避免水流入马匹耳朵内，以免引起耳疾。

洗完后不能立即将马匹放入马厩，而要在阳光下无风处晒干后方可入厩。这样可避免湿马进冷厩而导致马匹受凉感冒。

二、沙洗（放沙）

（一）放沙的作用

放沙也是清洁马体的一种方法，通过马匹被毛与沙子的摩擦，使马匹被毛里的泥土等污物掉落，从而起到清洁的作用。

图 4-2-49　马匹放沙

放沙可以缓解马匹疲劳。因为放沙时粗糙的沙子与马匹体表充分接触、按压，起到按摩的作用，从而促进马匹血液循环，缓解马匹疲劳。

放沙可以预防某些皮肤病发生。因为放沙时干燥的沙子有很强的吸水作用，可以充分清除马匹汗腺分泌物，保持马匹皮肤干爽，从而防止某些皮肤病的发生。

图 4-2-50　马匹放沙

放沙也可以释放马匹天性，让马匹保持愉快的心情，有利于马匹的管理。

（二）放沙的时间

从一年中来说，一年四季都可以进行放沙，冬季天气寒冷时最好在室内进行。从一天中来说，放沙主要是在马匹运动结束后进行，以帮助马匹清洁马体，缓解疲劳，预防皮肤病的发生。

（三）放沙的工具

放沙只需要一个放沙圈就可以了。

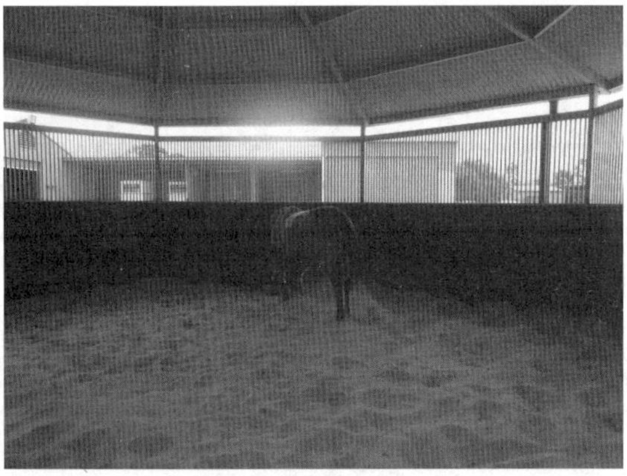

图 4-2-51　放沙圈

图 4-2-52　放沙圈面积不能太小

（四）放沙的注意事项

第一，放沙圈里的沙子一定要细，更重要的是沙子里不能混有大的石子或其他尖锐的杂物，以免马匹扎伤。

第二，放沙圈面积不能过小，以保证马匹在其中能够充分活动。

第三，放沙时一次只能让一匹马进入放沙圈，防止马匹之间争斗受伤。

第三节　马匹被毛修剪

一、马匹被毛修剪的目的

（一）提高马匹外貌品质

马匹被毛长过长会使被毛显得凌乱，马匹也会显得没有精神，影响马匹整体外观。被毛修剪就是使过长的被毛变短，显得整齐有序，使马匹看起来有精神，提高马匹外貌品质。

（二）有助于清洗和刷拭

马匹被毛过长会使刷拭和清洗变得困难，增加刷马和洗马的工作量，而被毛修剪后由于被毛变短将更容易刷拭和清洗。

（三）有助于快速降低体温

马匹被毛具有保温的作用，在冬季可以抵御严寒。但是，如果被毛过长也会影响马匹散热，尤其是在炎热的夏季，过长的被毛会导致马匹体温上升，甚至引起中暑。这时就需要修剪马匹被毛，使马匹能更快散热，从而快速降低体温。

（四）出于竞赛的目的

在竞赛中通过马匹被毛修剪有助于马匹更好地散热，从而有利于马匹更好地发挥以取得好成绩。另外，过长的被毛在障碍赛中会影响马匹超越障碍和过杆，因此，在比赛前很多骑手都会将马匹被毛进行修剪。

二、马匹被毛修剪常用工具

其一，剪刀

图 4-3-1　剪刀

其二，鬃毛梳：修剪鬃毛时，梳理鬃毛使之理顺，利于修剪。

其三，尾毛梳（马尾梳）：修剪尾毛时，梳理尾毛使之理顺，利于修剪。

其四，电动剃毛剪。主要用在剪羊毛，马匹被毛修剪一般较少用。

图 4-3-2　鬃毛梳

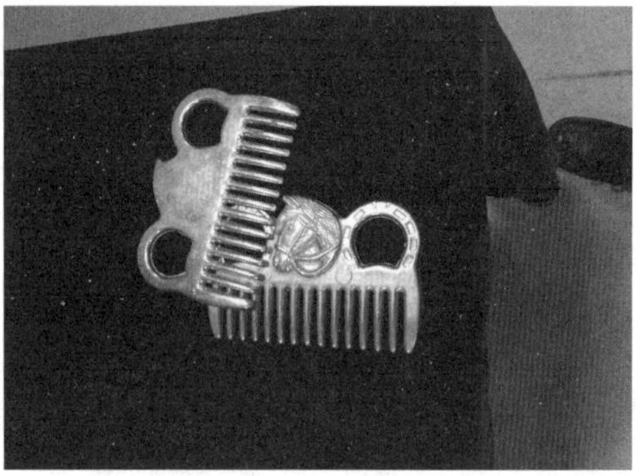

图 4-3-3　尾毛梳

三、马匹被毛修剪的种类

根据修剪目的不同，被毛修剪的种类主要有以下几种：

（一）全剪式

夏天天气炎热的情况下，将马全身的被毛全部剪掉，有利于马匹散热，防止马匹中暑。但由于马匹被毛有防寒、防尘、防止小的刺伤等防护作用，一旦全部被剪掉容易发生皮肤疾病或体表损伤，这时需要给马匹披上马衣进行防护。

（二）狩猎式

这种样式的修剪和全剪式一样，不同之处在于马匹前肢从肘以下、后肢股部以下和鞍下部位的被毛保留不剪。这样做的目的主要是留下上述部位的被毛用于防寒、防尘，保护蹄踵和避免荆棘刺伤。另外，鞍下部位的被毛不剪则是为了防止鞍伤和马背受伤。这种被毛修剪方式比较适合野外骑乘，所以称之为狩猎式。由于该种修剪方式的马匹被毛大部分被剪掉，也容易发生皮肤疾病和体表损伤，所以修剪后也要披上马衣进行防护。

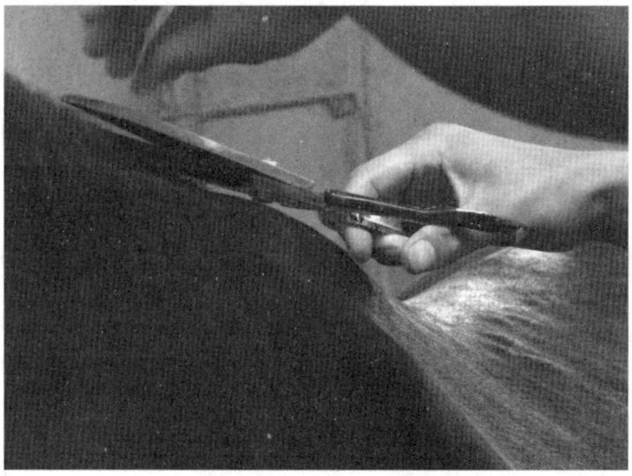

图 4-3-4　马匹被毛修剪

（三）披毯式

这种修剪方式是将马匹头、颈和腹部的被毛全部剪掉，其他部位的被毛则予以保留。保留下来的被毛其形状如同一张毯子披在马的背部，故名披毯式。这种形式的被毛修剪能很好地保留被毛而使马不感觉寒冷。由于腹部等部位的被毛被剪掉，容易发生皮肤疾病或损伤，因此也需要披上马衣进行防护。

（四）越野式

这种修剪方式是将马匹腹部、肩部和股部的被毛剪去，修剪的上限在挽具挽套绳的高度，腿留下的部位与狩猎式留下的部位相同。这种修剪方式主要适用于野外放养的马匹，故名越野式。由于腹部、肩部等部位的被毛被剪掉，容易发生皮肤疾病或损伤，因此也需要披上马衣进行防护。

（五）腹部修剪

这种修剪方式是把马匹腹下部位，两前肢之间或者颈下沿直到颌下部位的被毛剪去，这种方式主要适用于本地矮马。由于大多数矮马都饲养在有防护棚的地方，所以不需要给马匹穿马衣进行防护。

四、马匹被毛修剪的方法

修剪前的准备：在修剪之前，马匹被毛应刷拭干净并保持干燥。如果被毛没有刷拭干净存有污物则会妨碍修剪并且容易导致刀片过热。

马尾的处理：把马尾拉向一侧，向上打折并用绷带裹上。这样做的目的是防止马匹尾巴干扰修剪过程。

修剪开始的部位一般从马匹腹部开始，但是如果马匹紧张不安则从肩部开始，以较早完成马匹头部的修剪，防止马匹由于刀片变钝感到烦躁。其他部位的修剪遵循从左到右，从上到下，从前到后的顺序，根据修剪目的不同，采取不同的修剪样式。

剪毛方向要与被毛方向相反，并且用力要均匀，运行要平行不要插进皮肤，以免造成皮肤损伤，甚至导致感染发炎。

马匹头部和腹股沟部是最难修剪的两个部位，其次，马匹两肘之间、前腿内侧等部位都是非常容易剪破皮的地方。在修剪这些部位的时候一定要谨慎和小心，并且最好有一个有经验的助手来帮助。助手的工作主要是使马匹安静，把马匹前肢抬起，帮助均匀平滑地修剪肘部内外。

在国外（如澳大利亚）对纯血马进行鬃毛修剪时，往往不用剪刀修剪，而直接用鬃毛梳将马匹鬃毛一缕一缕地刮扯下来，感觉很残忍，但实际上马匹并不会感到疼痛。

五、马匹被毛修剪的注意事项

其一，马匹被毛修剪时要尽最大可能不让马烦躁或采用过多的限制。例如当修剪马匹的身体和四肢部位时，可以让马去吃草网里的草，分散其注意力，以减少马的烦躁感。

其二，在被毛修剪时，要将折叠起来的毯子搭在马的腰部，防止马匹受凉，因为身冷的马会感到不安和烦躁，影响被毛修剪进程。

其三，在被毛修剪时，决不能将马匹耳朵里面的毛剪掉，因为它是天生的保护毛。还有分布于马匹口、眼、鼻周围的触毛也不能剪掉，因为这些毛有触觉功能，能感触到外界各种刺激。对马匹的感觉功能起到重要的作用。

其四，被毛修剪完成后一定要给马匹披上马衣。因为马匹被毛有防寒、防尘、防止小的刺伤等防护作用，被剪掉后马匹失去防护，容易引起皮肤疾病或体表损伤。所以，被毛修剪后要给马匹披上马衣进行保护。

第五章　马蹄保养

马蹄保养一般称为护蹄，即马蹄的护理。马蹄护理是马匹日常护理工作的重点，有这样一句名言："无蹄则无马"，强调了马蹄健康对于马匹的重要性。因为，马蹄一旦有问题就会导致马匹跛行，马匹就会失去其价值。为保证马匹肢蹄健康，护蹄就成为马匹护理工作中的一个经常性措施。

第一节　马蹄结构

一、马蹄的外部结构

马蹄外部结构主要包括三部分即蹄壁、蹄底和蹄叉。这三个部分都是角质化的结构，没有神经，也没有血液供应，就像人类的指（趾）甲。这就是为什么装蹄铁时蹄钉能穿透蹄壁，削蹄时蹄叉和蹄底可以用刀削剪，而马匹不会感到疼痛也不会流血的原因。

（一）*蹄壁*

蹄壁是马蹄的最外层，表面光滑明亮，是马站立时能够看见的马蹄的部分。蹄壁处于不停生长的状态，类似人类的指（趾）甲一样，所以需要经常削剪。蹄壁的油性外层能防止马蹄角质层干裂，防止马蹄角质退化和脆硬。所以马蹄不能过于频繁地用水清洗，以免使蹄壁的油脂丧失，失去对角质的保护作用。平时护蹄时也可以给蹄壁涂一些蹄油，以增加蹄壁的保护作用。蹄壁的组成部分又包括蹄尖壁、蹄侧壁和蹄踵三个部分。

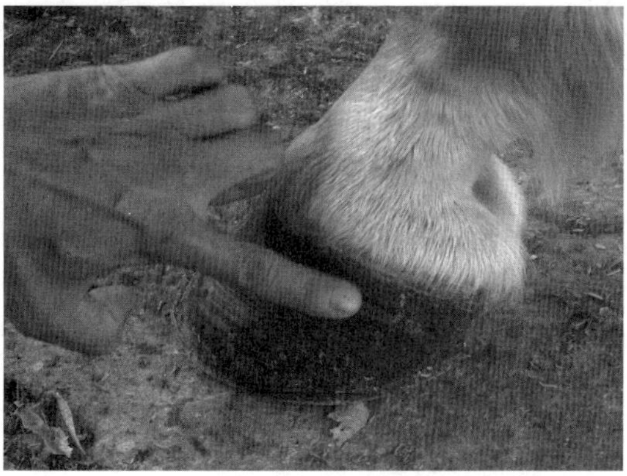

图 5-1-1　蹄壁

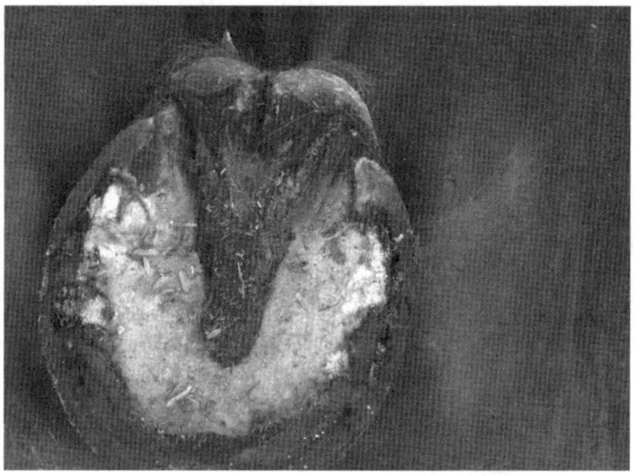

图 5-1-2　蹄底

（二）蹄底

蹄底指的是马蹄的底部，主要作用是保护马蹄免受来自下方的伤害。蹄底还有一个特点是不会沾染任何杂物，这有助于马蹄的清洁卫生。蹄底在正常的状态下向内凹陷，像一个倒翻的碟子，这有助于马匹的站立。

（三）蹄叉

蹄叉的主要作用就是保持马蹄功能的完整，具有防滑和减震的作用。它特殊的楔型、不规则表面和中央分叉增加了与地面的摩擦力，起到防滑的功能；蹄叉的胶体结构、反弹性，使之又起到了减震器的作用。因此，蹄叉的健康非常重要，如果蹄叉有损伤或炎症就会引起马匹的跛行。

二、马蹄的内部构造

马蹄的内部构造包括骨骼、关节和神经系统等。

第二节 护蹄内容

一、日常护蹄

日常护蹄需要注意以下方面：

（1）马厩应保持清洁卫生，地面平坦，干湿适当。因为，如果马厩卫生状况不良就容易使马蹄感染细菌，导致疾病的产生；如果马厩地面凸凹不平，马容易踩踏不稳而受伤；马厩既不能太干燥，过于干燥马蹄易发生蹄裂和高蹄，也不能太潮湿，过于潮湿易使蹄质松软，日久形成广蹄。

（2）马厩应该勤于清扫，勤换铺草垫料。以避免马蹄经常浸泡在粪尿污泥中，以防水疵病或引起蹄叉腐烂。在一些管理不良的马场中经常发生这种情况。

（3）在马匹的日常清洁中，要经常清洁马蹄，尤其是马蹄沾染了泥土污物等情况时，更需要清洗，以保持马蹄清洁与健康。清洗马蹄时注意洗刷蹄底、蹄叉。但是，马蹄也不能过于频繁地清洗，这一点要注意。

（4）马匹在用车船等工具运输过程中，以及马匹通过铁路、石路、板桥、丛林或裂缝地段时，如果地面有较大缝隙，常容易箝夹马蹄或蹄铁，引起蹄铁松动、脱落或蹄角质的崩损，遇到此类的情况应仔细检查，尽早发现问题及时处理。

（5）马匹在特殊天气或地点工作时，要重点防护马蹄。例如，连日阴雨天气或长期在泥泞道路和水稻田作业时，马蹄的角质易遭浸泡变软，蹄铁也易松动脱落，这时须及时紧钉或加钉；如果马匹是在冰雪地带作业，则应装冰上蹄铁，并注意检查铁脐的磨灭情况，如有松动或折断应及时更换。

二、药物护蹄

药物护蹄是利用药物来预防某些马蹄疾病的发生，一般采用药物喷洒或浸浴的方式。药物喷洒或浴蹄的护理方法可有效地杀灭马蹄部位的病原微生物，并且增加马蹄角质硬度，提高蹄部皮肤抵抗力，减少蹄部的感染机会，是有效的护蹄手段。但该种方法需每年实施，不能间断。我国长江以北地区，可在每年的5–10月份，用4%的硫酸铜或5%的福尔马林喷洒与蹄浴，11月至来年的4月，采用生石灰浴蹄。在我国南方地区，可常年应用上述药液浴蹄。

三、削蹄

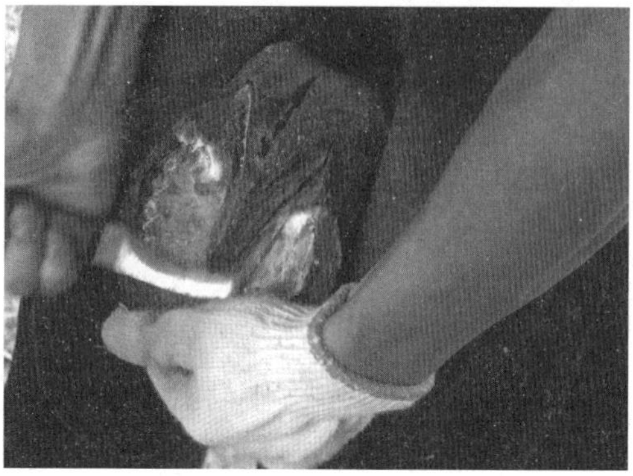

图 5–2–1　削蹄

（一）削蹄的作用

削蹄是保持蹄形正常、防止出现变形蹄的重要措施。马蹄角质部就像人的指甲一样处于不停的生长中，每月生长大约 8～10 毫米，年龄较小的马驹生长速度会更快。马蹄角质长得过长后，如不及时修蹄，必然造成马匹蹄形不正，造成肢势不良，引起蹄病或马匹跛行。

（二）削蹄的时间

削蹄时间间隔不能太长，通常情况下役马1到1.5个月削蹄一次，幼驹每月削蹄一次。

（三）削蹄的方法

削蹄前，先让马站在平坦地方，仔细观察马蹄，确定要修剪的部位和分量，做到心中有数。

削蹄时，首先剪去马蹄过长的蹄壁，使蹄壁与地面形成适当的角度，前蹄为 45～50 度，后蹄为 50～55 度。

第二步，将马蹄的负面削至露出白线。

第三步，将马蹄的蹄底、蹄叉等部位的坏死组织削去。

第四步，将蹄叉的中沟、侧沟削成明显的沟，蹄支则需保留完整。

最后，铲平蹄底。

四、装蹄

蹄铁就像鞋子一样，保护着马匹的蹄部。对于马蹄来说，合适的蹄铁是防止受伤的重要装备。因此，马蹄的护理措施必须包括在削蹄、修蹄基础上，定期换装蹄铁。蹄铁应适合马蹄的形状和大小，适当宽厚，留有剩缘剩尾，不过度紧贴马蹄。在特殊情况时，选用特殊的蹄铁。

（一）装蹄前马匹的检查

在装蹄前必须对马匹的各方面情况，尤其是马蹄的蹄形、蹄铁的适合状况等进行细致的检查，以发现问题，找到合理的装蹄方法。

1. 静态检查

即将马匹置于安静状态时的检查。马匹四肢呈自然立正站立，检查者距离马 3～5 米处，由前向侧、后方向进行逐一检查。重点检查马匹的肢势和蹄形、马蹄的内外侧高度是否相同、左右蹄大小是否一致、蹄铁大小及下钉位置是否合适等。

2. 动态检查

让马匹在平坦的地面上做慢步、快步或跑步等运动，重点检查马匹在运动中肢蹄的提举伸展、着地负重等情况，以发现马匹负重是否均衡，有无交突、追突或跛行等情况。

3. **举肢检查**

马匹经过静态检查和动态检查后，如果发现有可疑事项，则进行举肢对照检查，以最终明确可能的异常情况。

（二）取除旧蹄铁

在装新的蹄铁之前必须要取除旧蹄铁，即将原来所装钉的蹄铁自马蹄上取下来。其方法是：

（1）将马蹄保定，左手拿钉节刀，并且将钉节刀的刀刃抵于马蹄的蹄壁与钉节之间，右手持装蹄锤不断敲击钉节刀的背部，以切断钉节。

（2）用蹄钳夹住蹄铁的铁尾部，用力向前掰压蹄钳，以使蹄铁松动。

（3）将蹄钳逐渐向前移向蹄铁的前部，夹住并用力向内侧掰压（不可向外侧掰压，以防损伤蹄壁），以使蹄铁松动。

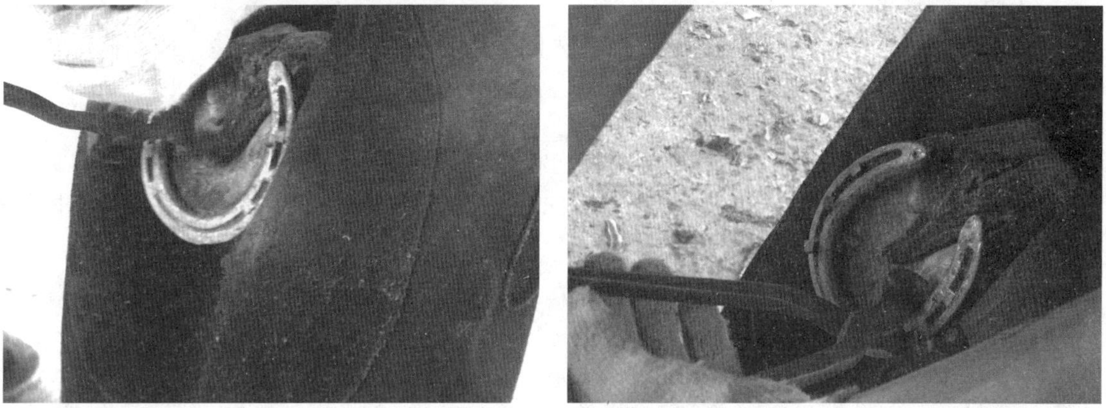

图 5-2-2　取除旧蹄铁

（4）蹄铁的两侧铁支采用相同的方法交替进行，直到将蹄铁完全取下。

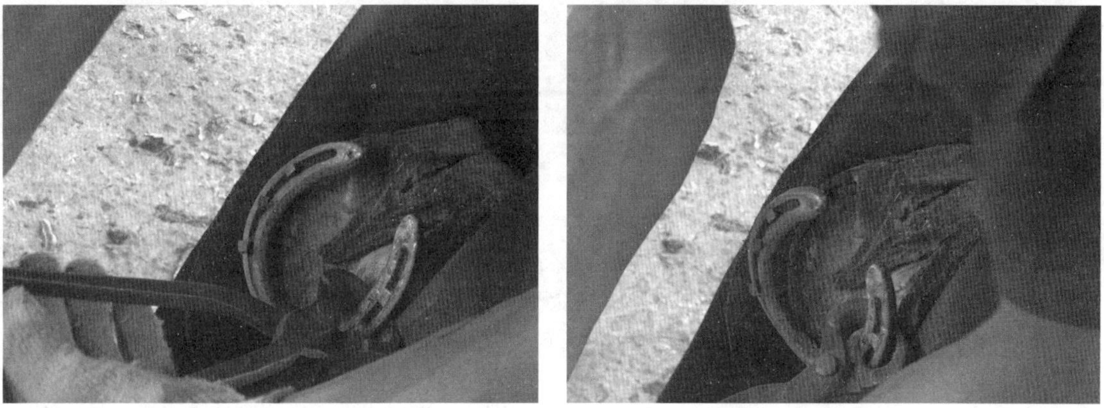

图 5-2-3　取除旧蹄铁

（5）如果旧蹄铁钉得比较牢固，取下困难时，也可在蹄铁松动后，再把蹄铁打回原位，用蹄钳先将突出的蹄钉一个一个地拔掉，旧蹄铁即可取下。

（三）削蹄

削蹄是装蹄中的主要环节，不仅要削去过长的角质，还要修整不正蹄形，防止发生变形蹄和肢蹄病。因此，削蹄时，要注意以下方面：

（1）削蹄时应力求做到蹄与系方向一致，不一致时应及时给予修整或矫正。

（2）削蹄时应力求做到马匹左右蹄的大小应相同，蹄的长度也应一致，不一致时应及时给予修整或矫正。

（3）削蹄时应力求做到马蹄蹄尖壁与蹄踵壁的长度比例和蹄角度恰当，蹄尖壁与蹄踵壁的长度比例，前蹄约为 2.5∶1，后蹄约 2∶1；蹄尖壁与地面的角度，前蹄为 50~55 度，后蹄为 55~60 度。没有达到适当的长度比例和角度应及时给予修整或矫正。

（4）削蹄时应力求做到蹄负面必须平坦，并与蹄铁能紧密相接，没有空隙；蹄底应削出一定的穹隆度；蹄叉要削出固有的形状，其高度应略高出蹄负面；蹄支一定要削出横断面，并与蹄叉保持基本同高。

（四）修配蹄铁

削蹄完成后，要根据马匹蹄形大小，选择合适的蹄铁，并加以修整，最后修配成与蹄形相一致的形状。

1. 选择合适大小的蹄铁

根据马匹蹄形大小，选择出大小一致的蹄铁。蹄铁不能过大或过小，过大容易落铁（蹄铁脱落）或运步异常，就像人穿了过大的鞋子影响走路一样；过小则容易导致蹄钉损伤马蹄。

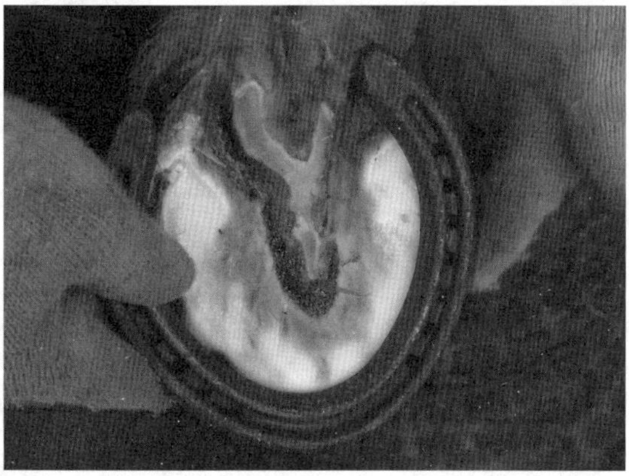

图 5-2-4 选择合适大小的蹄铁

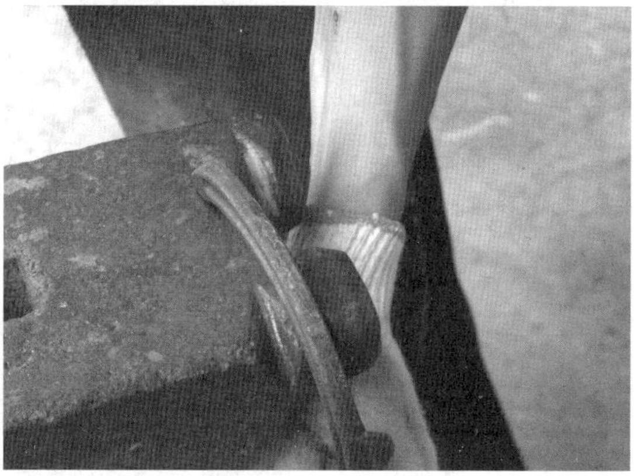

图 5-2-5 修整蹄铁

2. 修整蹄铁

蹄铁与马匹蹄形一致的前提下，对于蹄铁局部与马匹蹄形不完全相符合时，需要适当修整蹄铁，使蹄铁完全适合马匹蹄形，不能有一点的马虎。尤其不能为了省事而让马匹蹄形来适应蹄铁，否则会导致马蹄变形等严重后果。蹄铁完全适合马匹蹄形的判断标准是：装上蹄铁后在马蹄的蹄尖和蹄侧部，蹄铁外缘与蹄壁外缘大小一致，或略大于蹄壁外缘（不超过 1mm）；由蹄踵部向马蹄后方延伸，蹄铁外缘应逐渐大于蹄壁外缘，留有约 1~3mm 的剩缘，最后，蹄铁的铁尾应比蹄踵角长出 3~5mm 的剩尾。

（五）下钉

下钉又称为钉钉，是用蹄钉将蹄铁固定在蹄负面上的过程，下钉质量的好坏，直接关系到马蹄是否会发生蹄病、落铁及崩蹄等问题。因此，下钉是装蹄中的最后一步，也是至关重要的环节。下钉过程中要注意以下方面：

1. 下钉的数量

下钉数量不是越多越好，下钉太多不但不能保持蹄铁的牢固，反而会破坏蹄壁，发生落铁或蹄病。当然，下钉数量过少则不能完全固定蹄铁，导致蹄铁松动或落铁。适宜的下钉数量是：一般马蹄每侧下 3 个钉，每蹄 6 个钉，较大马蹄每侧可下 4 个钉，每蹄 8 个钉。

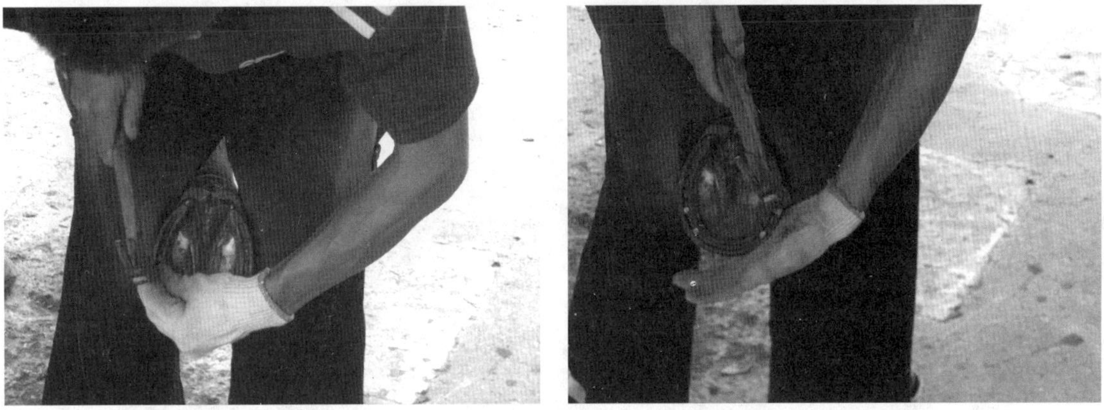

图 5-2-6 下钉

2. 下钉的深度

下钉时不是越深越好，下钉太深容易钉伤马蹄；但也不能太浅，下钉太浅易发生落铁或崩蹄。下钉的适宜深度为：蹄钉由马蹄白线外缘钉进，在蹄侧壁长度的下 1/3 与中 1/3 的交界线处出钉。下钉时，注意每钉间隔距离应力求均等，避免两个钉相距太近或太远。最后方的蹄钉负荷量较大，应注意装钉牢固。

3. 钉节长度

所谓钉节长度指的是下钉时蹄钉钉出蹄壁后，用剪钳剪断蹄钉钉身并将其断端向上弯曲部分的长度。钉节长度不宜过长或过短，一般要求钉节的长度应与钉身的宽度大致上相同，近似四方形。

（六）装蹄后的检查

装蹄完成后并不是所有工作都结束了，还应进行全面的检查，以便发现错误及时进行矫正。重点检查内容包括蹄铁的大小与马蹄蹄形是否一致，蹄铁的剩缘、剩尾是否适当，下钉的数量、深度及钉节的长度是否合适，马蹄着地负重是否平坦，运步有无异常表现等。如果这些都没有问题，才能说装蹄真正完成。

第六章　马匹常见病护理基础

第一节　马匹健康评估

一、健康马匹的特征

健康马匹一般具有以下特征：

（1）马匹发育良好，表现为体躯高大，结构匀称，肌肉结实。

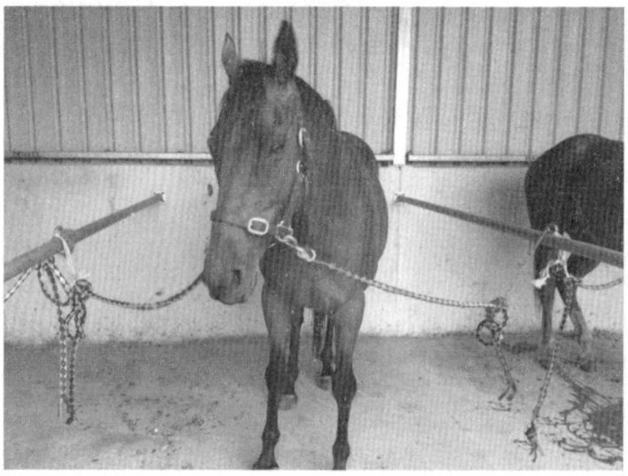

图 6-1-1　马匹发育良好

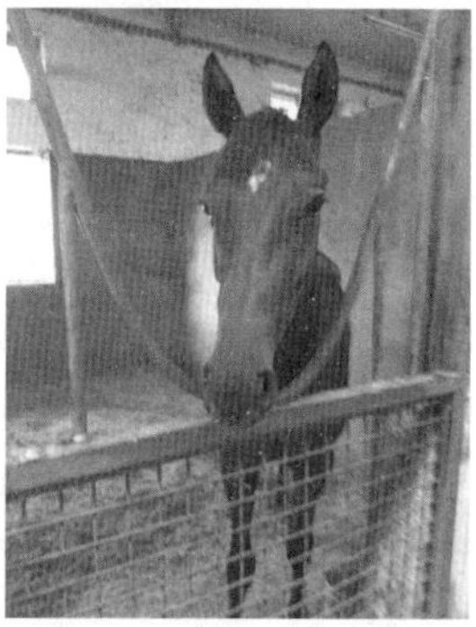

图 6-1-2　马匹精神状态良好

（2）马匹精神状态良好，表情轻松而愉悦。对外界的反应灵敏，经常注意外界，反应迅速，行动敏捷。但也不过于兴奋甚至烦躁不安。

（3）马匹眼睛清晰而明亮，没有浑浊感，眼结膜呈现正常的淡红色。

图 6-1-3　马匹眼睛清晰而明亮

图 6-1-4　马匹耳朵灵活

（4）马匹耳朵转动灵活，对声音反应灵敏。

（5）马匹皮肤整洁光滑，弹性良好，皮肤不干不湿而呈滑润感，并且没有疥癣或发炎。

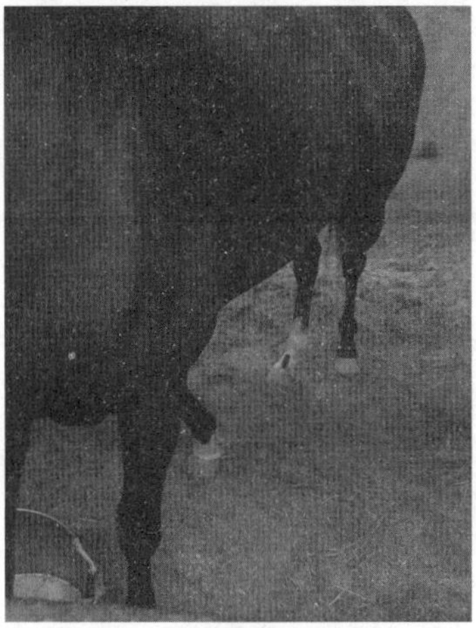

图 6-1-5　马匹皮肤整洁光滑

图 6-1-6　马匹被毛整洁

（6）马匹被毛整洁，柔顺而有光泽，生长牢固没有脱落或折断的现象。

（7）马匹肌肉结实发达，运动自如，特别是颈部和肋骨部位的肌肉能摆动自如。

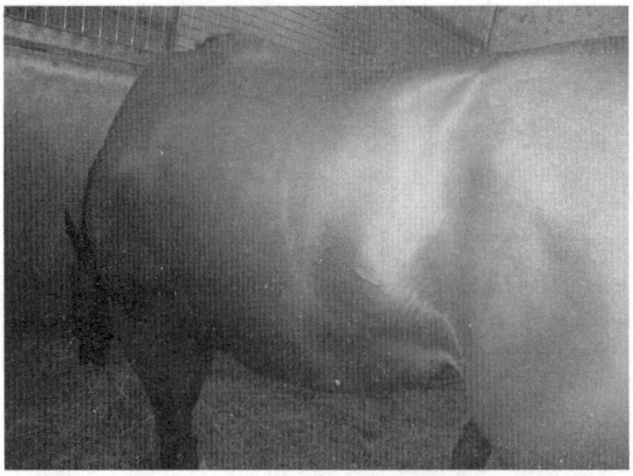

图 6-1-7　马匹肌肉结实发达

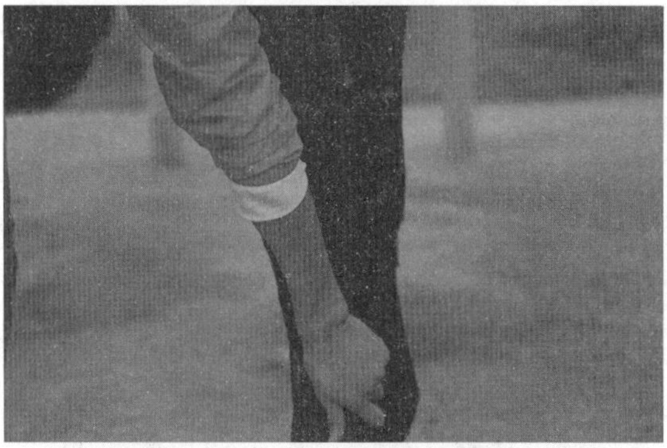

图 6-1-8　触摸马腿（管部）

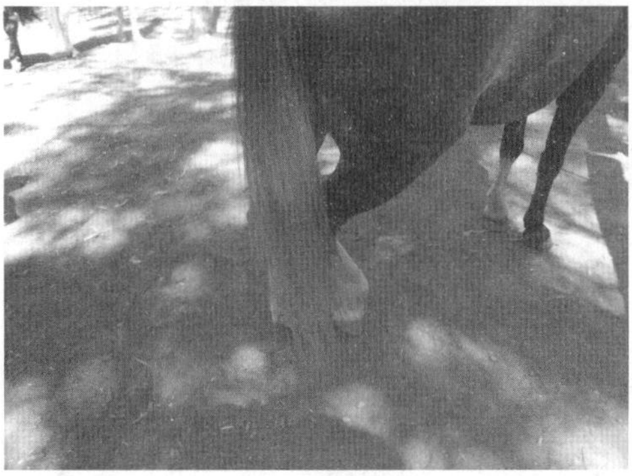

图 6-1-9　马匹休息时的正常姿势

图 6-1-10　马匹运动时的正常姿势（摄于澳大利亚）

（8）马匹进食速度适当，咀嚼轻松自如，没有停顿，更没有吐出食物。
（9）马匹粪便呈现黄褐色至黑绿色，干湿适中，完整成形，排出时不费力。
（10）马匹尿液微带浅黄色并略显浑浊。
（11）马匹不咳嗽，不流鼻液，体温没有升高。
（12）触摸马腿时感觉清凉而没有肿胀的现象。
（13）马匹站立平稳休息时，后腿交替着用来支持身体。
（14）马匹运动时，动作稳健，有均匀的节奏和旋律。

二、患病马匹的特征

（一）马匹精神状态不良，表情不自然，神经兴奋性异常

（1）神经过于兴奋，是病马对外界的轻微刺激而表现出的过度反应。轻度兴奋时，马匹有左顾右盼，紧张不安，竖耳、刨地的表现；重度兴奋时，马匹则会狂躁不安，横冲直撞，挣扎脱缰。马匹兴奋性异常一般常见于马匹脑及脑膜的充血水肿和颅内压增高时，也可见于发生某些中毒时。在马匹发生中暑、流行性乙型脑炎、脑炎、铅中毒等疾病时表现出此症状。

（2）神经过于抑制，是病马对外界的刺激没有明显反应。轻度抑制时，马匹表现为沉郁，可见病马呆立不动、耳搭头低，常打呵欠、萎靡不振，对周围事物漠不关心。一般见于各种发热性疾病以及如慢性支气管炎、慢性肺炎等慢性消耗性疾病的后期。重度抑制时，马匹表现为嗜睡，即闭眼不睁，常卧地不起，给以强烈的刺激才会有轻微的反应，情况加重时甚至出现昏迷。

（二）马匹体温异常

体温异常一般表现为升高或降低，常见的情况为体温升高。马匹正常体温在38.5℃左右，当体温高于38.5℃时称为体温过高或发热。可见于一切热性疾病，如流感、肺炎、马传染性贫血等。根据体温升高的程度、持续时间分类，发热可分为四种类型：

（1）稽留热：这种热型指的是体温升高到一定程度后保持基本不变，24小时体温上下波动不超过1℃。并且持续时间较长，一般3~5天，甚至7~10天或更长。此热型反应疾病病情比较严重，常见于马传染性贫血、马焦虫病、马流行性感冒或大叶性肺炎等疾病中。

（2）弛张热：这种热型指的是体温升高后波动比较明显，24小时体温上下波动超过1℃，但是，其最低温度始终高于正常体温。常见于支气管肺炎以及化脓性和败血性疾病等。

（3）间歇热：这种热型指的是体温升高后波动比较明显，24小时体温上下波动超过1℃，并且，其最低温度会降到正常体温甚至以下。有热期和无热期交替出现。常见于马传染性贫血、马焦虫病等。

（4）不规则热：这种热型指的是体温变化无一定规则，且持续时间不定。

体温降低一般见于营养不良及衰竭、急性大失血导致的休克以及重度贫血，严重的脑病和中毒等疾病中。

（三）马匹呼吸频率和脉搏异常

（1）马匹呼吸频率正常情况下每分钟8~16次，平均12次，低于每分钟8次或高于

每分钟16次均为异常。马匹呼吸频率过快常见于发热性疾病如马流感、肺炎等；呼吸器官本身的疾病：如上呼吸道狭窄、呼吸面积减少或肺弹性丧失时，导致低氧血症，反射性引起呼吸次数增加；疼痛性疾病如马匹外伤、骨折等；贫血如失血性贫血、营养性贫血等；以及马匹心力衰竭等。马匹呼吸频率过慢常见于颅内压增高的疾病，如马匹中暑时，由于颅内压增高，马匹呼吸频率会降到每分钟8次以下。

（2）马匹脉搏正常情况下每分钟26~42次。低于每分钟26次或高于每分钟42次均为异常。马匹脉搏增加与呼吸频率加快原因类似，常见于发热性疾病如马流感、肺炎等；疼痛性疾病如马匹外伤、骨折等；贫血如失血性贫血、营养性贫血等；以及马匹心功能亢进、心肌炎等。马匹脉搏减弱常见于颅内压增高的疾病，如马匹中暑时，由于颅内压增高，脉搏也会减弱。

（四）马匹被毛异常

被毛状态是马匹健康与否的标志之一，健康马匹的被毛平滑，富有光泽，且不易脱落。马匹被毛异常包括：

（1）被毛粗糙蓬乱，没有光泽。是马匹营养不良及机体整体状况不佳的标志。常见于慢性消耗性疾病如马鼻疽、马传染性贫血、内寄生虫病、结核病等；长期的消化紊乱或代谢紊乱；以及营养物质摄入或吸收不足、马匹过劳等疾病。

（2）被毛脱落或折断。局限性脱毛常见于体外寄生虫疾病（如马螨病、虱、蚤感染等）、真菌感染及某些营养代谢障碍性疾病（如含硫氨基酸缺乏，微量元素缺乏，维生素缺乏等）；全身性脱毛并伴有剧烈痒感时（马匹经常向周围的物体摩擦或啃咬，甚至病变皮肤出血结痂或形成龟裂时）应提示马匹疥癣及湿疹的可能。

（3）被毛污染不洁。马匹尾部及后肢被毛被粪便、尿液及其他分泌物或排泄物污染，应注意腹泻、尿失禁及子宫疾病等。

（五）马匹皮肤异常

马匹皮肤覆盖了整个体表，是马匹最大的器官。马匹皮肤异常包括：

（1）颜色异常。马匹皮肤颜色出现发红、发黄、苍白等改变，均为病理情况。皮肤发红有两种情况，一种是出血性潮红，是马匹皮肤或皮下组织内溢血的结果，用手指按压时不褪色，常见于局部淤血或坏死；另一种是充血性潮红，是马匹皮肤毛细血管网扩张，管腔内积聚大量血液引起，用手指按压时颜色容易消失；皮肤苍白，多见于大失血、内出血、贫血等；可视黏膜黄染，是黄疸症的特征，常见于马传染性贫血、马梨形虫病等。

（2）弹性异常。马匹皮肤正常情况下有一定的弹性。如果将马匹皮肤捏起成皱褶，松开后皮肤不能很快回缩复原说明皮肤弹性下降，常见于严重肠炎、脱水、大出血、虚脱、皮肤病、寄生虫病、营养不良以及长期慢性消耗性疾病等。

（3）皮温异常。皮温指的是皮肤的温度，与体温有密切的关系，但又不完全相等。马属动物一般检查部位是耳、鼻端、颈侧、腹侧及四肢下部。皮温的异常变化为：

①皮温增高。马匹全身性皮温增高，见于发热性疾病。马匹局限性皮温增高，提示局部的炎症。

②皮温降低。马匹全身性皮温降低是体温过低的标志。临床上多见于严重贫血、大出血、休克、严重营养不良及衰竭症等严重疾病。

③皮温不均。指马匹全身皮肤温度不一致，特别是对称的器官和身体对称的部位皮温分布不均，常见于发热性疾病的初期、休克及大出血等疾病。

（4）湿度异常。马属动物汗腺非常发达，出汗量很大，马匹皮肤湿度与出汗情况有关，出汗量大皮肤湿度大，反之则皮肤湿度小。皮肤湿度异常有两种情况：

①皮肤干燥。由于马匹出汗量减少甚至无汗。常见于马匹脱水症状时。

②皮肤湿润。由于马匹过多出汗。常见于中暑、剧烈疼痛性疾病（如马疝痛）、极度虚弱等，是疾病严重的征象。

（5）皮肤肿胀。包括皮下气肿、水肿、脓肿、血肿及其他病理的皮肤容积增大。

①皮下气肿：即马匹皮下组织积有多量的气体，按压时，有捻发音，常见于马匹气肿疽等疾病中。

②皮下水肿：马匹皮下组织中积聚液体，按压时皮肤复原很慢，常见于营养不良、心功能衰竭、局部皮肤发炎等疾病中。

③脓肿和血肿：发生于马匹皮下化脓或皮下出血，触诊有波动感。针刺或自溃后，脓肿流出脓汁，血肿流出血液。

（6）皮肤完整性遭到破坏。常见于马匹外伤，如机械性擦伤、划伤、刺伤以及皮肤溃疡和褥疮等疾患中。

（7）皮肤有异常气味。马匹皮肤、汗液有尿臭味，常提示尿毒症。皮肤带有似烂苹果散发出的丙酮味（烂苹果味），常提示马匹酮病（酮症酸中毒）。

（8）皮疹。皮疹多为全身性疾病的表现之一，种类很多，常见于马匹传染病、寄生虫病、皮肤病等疾病。

（六）粪便异常

马匹粪便对于马匹健康状况的判断有非常大的作用，有经验的马匹管理人员或护理人员从马匹粪便性状中可以发现大量疾病线索。马匹粪便异常包括：

（1）颜色异常。马匹粪便正常颜色为黄粪或绿粪，颜色上的差异主要跟马匹饲料有关。如果马匹饲料以干草为主，粪便为黄粪；如果马匹饲料以青草为主，则粪便为绿粪。当马匹粪便为黑色或黑红色时，提示消化系统有出血，常见于出血性肠炎、肠套叠、球虫病、出血性败血病及食物中毒等疾病，也可见于消化系统由于黏膜被异物损伤而引起的内出血。当马匹粪便混有鲜血时，粪便呈黑红色或木馏状，为胃或肠道前段出血性疾病引起；如果是粪便表面沾有鲜血，则为肠道后段出血性疾病引起。

（2）硬度异常。正常时，马粪呈圆块状，具有中等湿度，不硬也不软，落地后一部分破碎，粪便含水量约75%。硬度异常有几种情况：

①粪便过硬。马匹粪便干燥结块，脚踩难散。常见于马匹患热性病或体内摄水不足；

②粪便过软，不成圆块状或球形，但不稀，常见于青绿饲料饲喂过多或者盐食入过量；

③粪便稀薄，不成形。常见于消化系统炎症，如肠炎等疾病中。

（3）气味异常。一般马匹的粪便无恶臭气味，马匹粪便带腐败臭味或酸臭味常见于肠卡他和消化不良，腥臭味常提示细菌性痢疾以及黏液膜性肠炎、急性结肠炎。

（七）尿液异常

正常马匹尿液微带浅黄色并略显浑浊，当尿液性状变为无色澄清透明时，一般常见于纤维性骨营养不良。如果尿液带有似烂苹果散发出的丙酮味（烂苹果味），常提示马匹酮病（酮症酸中毒）。

（八）食欲异常

马匹食欲异常一般表现为食欲下降，指马匹不愿进食或进食速度很慢，常见于消化器官本身的疾病，如口腔、牙齿、咽腔与食管，以及胃肠等各种疾病中。如口腔、牙齿等器官的炎症导致马匹进食疼痛，引起马匹食欲下降。此外，营养衰竭、代谢紊乱，或者伴有剧痛的四肢疾病等，也会引起马匹食欲下降甚至废绝。

食欲也有亢进的异常情况，主要见于发热病之后、疾病的恢复期以及长期饥饿的马匹，可出现暂时性的食欲亢进。如果长期食欲亢进，主要见于内分泌代谢障碍性疾病（如甲状腺机能亢进、糖尿病等）、肠道寄生虫和慢性消耗性疾病。

（九）姿态异常

姿态是指马匹在相对静止或运动过程中的空间位置和呈现的姿势。健康马匹都有其特有的姿势与行为，表现自然、动作灵活而协调。在病理状态下，马匹站立和躺卧时分别出现一些异常的姿势，主要有以下异常情况：

（1）木马样姿态。马匹站立时四肢僵直，关节不能屈曲、尾根翘起，鼻孔开张、牙关紧闭如木马样，见于马匹破伤风疾病。

（2）强迫站立姿势。马匹站立时前肢叉开、头颈平伸，并伴有重度呼吸困难，见于马匹喉水肿疾病。

（3）不自然的姿势。主要见于马匹四肢的疼痛性疾病，如蹄叶炎时，马匹常将四肢集于腹下而站立，呈现不自然的伫立姿势。

（4）站立不稳 。马匹呈躯体歪斜、四肢叉开或依靠墙壁等支撑物而立的特有姿态。除病重者外，常见于中枢神经系统疾病，特别当病害侵袭小脑时尤为明显。

（十）运动异常

运动异常指的是马匹在运动时出现方向性和协调性发生改变的情况。临床上常见的运动异常有两种情况：

（1）跛行。跛行是马匹最常见的运动异常情况。引起跛行的原因非常复杂，最常见的是由马匹四肢疼痛引起。凡能引起马匹四肢疼痛的疾病如四肢皮肤、肌肉、关节发生炎症、损伤等疾病都会导致马匹出现跛行。也可见于马匹肢体发育不良、畸形（如纤维性骨营养不良疾病导致的骨骼变形）、其他系统的疾病等。

（2）运动失调。运动失调即机体运动不协调，指运动时肌肉的收缩力量是正常的，但是肌群相互不协调，导致马匹在运动时步态异常的情况。主要有两种情况：运动时出现重心不稳，步态紊乱，似醉酒状，见于小脑、前庭神经损伤性疾病如马匹乙型脑炎等；或者，表现步样不稳，举肢过高，踏地过重，呈涉水样步态，常见于各种原因导致的大脑、小脑和脊髓损伤如马脑脊髓丝虫病等。

（十一）鼻孔有液体流出

正常情况下马匹鼻孔不会流出任何液体。在疾病状况下马匹鼻孔流出的液体，称为鼻液，是呼吸器官疾病的一种重要症状。

（1）鼻液性状。鼻液有浆液性、黏液性、脓性、腐败性等类型。

①浆液性鼻液，呈水样，无色透明，急性上呼吸道感染（如鼻炎、喉炎、气管炎）和感冒的初期，马匹流浆液性鼻液。

②黏液性鼻液，粘稠呈线状，因含有脱落的上皮细胞和白细胞，呈灰白色，急性上呼吸道感染（如鼻炎、喉炎、气管炎）和感冒的中期，马匹流黏液性鼻液。

③脓性鼻液，粘稠似凝乳状，因化脓原因的不同而呈黄色、灰黄色或黄绿色，急性上呼吸道感染（如鼻炎、喉炎、气管炎）和感冒的晚期，马匹流黏液脓性或脓性鼻液。

④腐败性鼻液，污秽不洁，呈褐色或绿褐色，并带有腐败性臭味，是肺坏疽的重要特征。

另外，大叶性肺炎和马胸疫时，流铁锈色鼻液；窦腔积脓时，患侧流脓性鼻液，低头时流出更多。马匹肺充血和肺水肿时流出浅黄色或白色的细小泡沫状鼻液。

（2）鼻液气味。如果马匹流出的鼻液有腐败臭味，可怀疑马匹支气管或肺脏有坏疽性病变。

第二节　马匹生命体征的评估与护理

马匹生命体征包括体温、呼吸、脉搏和血压，这些是维持马匹机体正常活动的支柱，任何异常就会导致严重或致命的疾病，同时某些疾病也可导致这四大体征的变化或恶化。

一、体温的评估与护理

（一）正常体温及生理变化

体温是指身体内部胸腔、腹腔和中枢神经的温度，马匹是恒温动物，因此体温比较稳定。马匹正常体温比人类要高，采用肛门测试时约为38℃。因为正常体温在不同情况下有生理性变化，所以，体温在36.5℃~38.5℃之间都是属于正常的。马匹体温的生理性变化包括：

（1）昼夜因素：马匹体温周期性波动，呈现上午低，下午高的现象。如果体温出现下午低而上午高的情况称为体温倒转，一般见于马传染性贫血。

（2）年龄因素：幼驹的体温高于成年马，而老龄马的体温低于青壮年马。

（3）肌肉活动：马匹剧烈运动时，由于肌肉活动加强，产热增加，因此体温会上升。

（4）药物因素：某些治疗疾病的药物会导致马匹体温出现波动。

（5）其他因素：如外界环境温度也会或多或少影响马匹体温。

（二）体温评估与护理

（1）体温过高。任何原因引起马匹产热过多，或者散热减少以及体温调节障碍等引起的体温升高超过正常范围时，称为体温过高，又称为发热。

（2）发热类型。根据体温升高的程度、持续时间分类，发热可分为四种类型：

①稽留热：这种热型指的是体温升高到一定程度后保持基本不变，24小时体温上下波动不超过1℃。并且，持续时间较长，一般3~5天，甚至7~10天或更长。此热型反应疾病病情比较严重，常见于马传染性贫血、马焦虫病、马流行性感冒或大叶性肺炎等疾

病中。

②弛张热：这种热型指的是体温升高后波动比较明显，24 小时体温上下波动超过 1℃，但是，其最低温度始终高于正常体温。常见于支气管肺炎以及化脓性和败血性疾病等。

③间歇热：这种热型指的是体温升高后波动比较明显，24 小时体温上下波动超过 1℃，并且，其最低温度会降到正常体温甚至以下。有热期和无热期交替出现。常见于马传染性贫血、马焦虫病等。

④不规则热：这种热型指的是体温变化无一定规则，且持续时间不定。

（3）体温过高的护理措施。

①降温方法：马匹体温过高采用的降温方法一般分为物理降温和化学降温。

（a）物理降温：采用最多的方法是用冷水不断浇淋马匹全身，尤其是颈部、腹股沟等部位。通过冷水浇淋带走部分热量，从而降低体温。除此之外，也可采用酒精擦拭马匹体表的方式进行降温。

（b）化学降温：一般指的是用药物降温，通过机体的蒸发散热而达到降温目的，如马匹中暑时采用的化学降温方法是静脉注射盐酸氯丙嗪。

②注意事项：

（a）在冷水浇淋的时候注意不要将水浇淋到马匹耳朵内，以免发生耳疾。

（b）降温不宜过度，当体温接近正常或略高于正常时就应停止降温措施，防止发生体温过低出现虚脱或休克现象。

③补充营养和水分。发热时，马匹的新陈代谢加快，营养物质消耗增加。同时，消化功能明显减弱，食欲减退，再加上发热时呼吸道和皮肤蒸发掉过多的水分，退热时也以出汗方式把体内积蓄的热能散发出去，所以马匹体温过高时应及时补充水分和营养。

④保证马厩温度适宜，环境安静，空气流通。良好的环境有利于马匹休息，促进马匹体温恢复正常。

⑤加强病情观察。观察马匹生命体征，定时测体温，一般每日测量四次，高热时应每 4 小时测量一次，注意发热类型、程度及经过。及时注意呼吸、脉搏的变化，以及马匹饮水量、饮食摄取量、尿量及体重变化等。

（三）体温的测量

（1）体温测量的仪器。

①兽用玻璃体温计。一般采用的水银体温计，与人用水银体温计相似。唯一不同的是，兽用水银体温计末端有一个小的突起，其作用是可以系上细线或细绳，测量体温时，细线留在动物肛门之外，防止测量体温时体温计被吸入动物肛门而难以取出。

②兽用电子体温计。采用电子感温探头测量体温，测得的温度值直接由数字显示。

（2）体温测量的目的。

①判断体温有无异常，为诊断马匹疾病提供参考依据。

②动态监测体温变化，分析热型及伴随症状，为马匹疾病治疗提供参考依据。

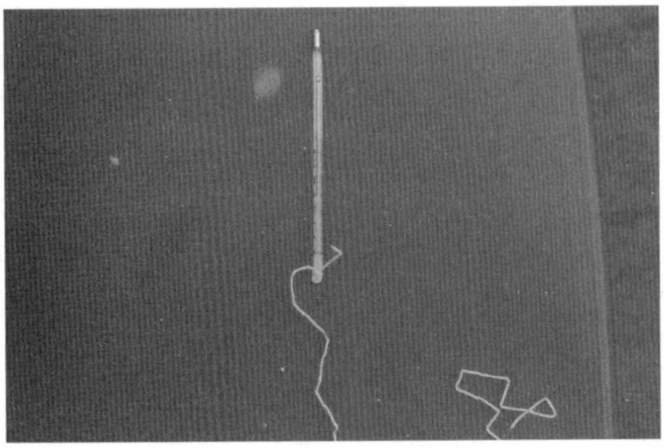

图 6-2-1　兽用玻璃体温计

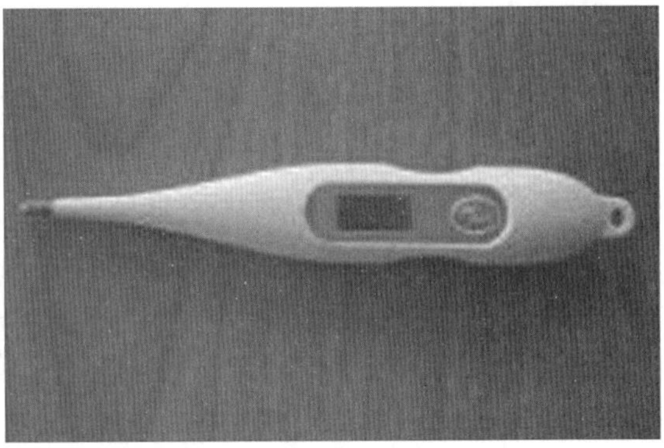

图 6-2-2　兽用电子体温计

（3）体温测量的方法。

①操作前准备。

（a）测量马匹体温前，通常要先选定一开阔地带，并且要求该地安全、干净。然后给马匹戴上笼头拴好，避免刺激马匹，使马匹保持安静。做好测量前的准备工作。

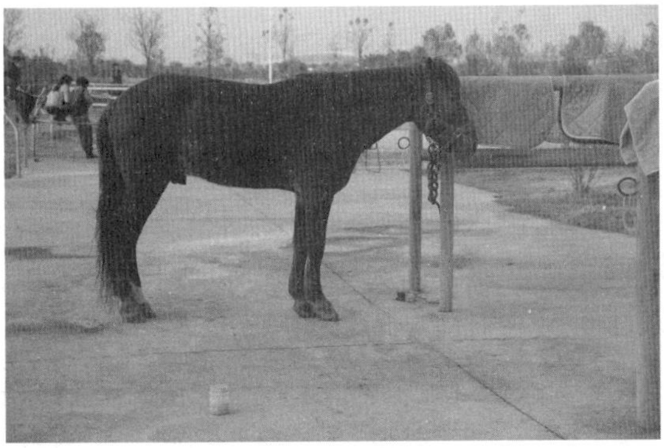

图 6-2-3　测量前准备

图 6-2-4　检查体温计

（b）检查体温计有无破损，末端是否系好细线或细绳。

（c）检查体温计测量数值是否准确。

图 6-2-5　检查体温计测量数值是否准确

图 6-2-6　将体温计水银刻度甩至 37℃以下

（d）将体温计水银刻度甩至 37℃以下。

（e）将体温计前端涂上凡士林，以便容易插进马匹直肠内。

图 6-2-7　凡士林（用于润滑体温计）

图 6-2-8　体温计前端涂上凡士林

②操作步骤。

（a）测量者站在马匹旁边，用力提起马尾，暴露出马匹肛门。

图 6-2-9　暴露出马匹肛门

图 6-2-10　体温计插入肛门

（b）将体温计从马匹肛门处插进约三分之二的长度，体温计后三分之一及末端的细线或细绳留在肛门外。

（c）将体温计保持三分之二于体内三分钟左右。

图 6-2-11　将体温计保持三分之二于体内

图 6-2-12　抽出体温计

（d）抽出体温计，并察看温度。

（e）记录测得的马匹体温数值。

建立专门的马匹健康档案，将每一匹马体温测量所得数值记录在内。并且，多次测量分不同季节和时间进行测量。根据所得数值，绘制各个马匹体温变化曲线。这对每一匹马体温变化规律有重要意义。可以在马匹体温出现病理性改变之前，及时发现，早做治疗。

图 6-2-13　察看温度

（4）体温测量的注意事项。

①对门诊马匹，应使其适当休息并安静后再测。

②测量者任何情况下都绝对不能站在马匹正后方，以免马匹后踢受伤。

③要力度适中，持体温计经肛门慢慢捻转插入直肠中；徐徐插入肛门，力量不能过大，防止损伤马匹肛门。

④体温计不能完全插入马匹肛门，一定要留三分之一在体外，防止整个体温计进入直肠内，难以取出。

⑤测量完成后体温计要清洁干净，并用75%的酒精浸泡半小时，擦干备用。

⑥对病马应每日定时（午前与午后各一次）进行测温，并逐日绘成体温曲线表。

⑦马匹如有腹泻症状时禁止通过肛门测量体温。

二、呼吸的评估与护理

（一）正常呼吸及生理变化

机体在新陈代谢过程中，需要不断地从外界环境中摄取氧气，并把自身产生的二氧化碳排出体外，机体与环境之间所进行的气体交换过程，称为呼吸。马匹呼吸频率正常情况下每分钟 8~16 次，平均 12 次，低于每分钟 8 次或高于每分钟 16 次均为异常。

影响呼吸变化的生理因素主要有以下几种：

（1）年龄因素：幼驹的呼吸频率明显高于成年马匹，老龄马匹呼吸频率稍慢。

（2）性别因素：母马呼吸频率高于公马。

（3）活动因素：马匹剧烈运动时呼吸加深加快；休息和睡眠时呼吸减慢。

（4）环境因素：环境温度越高，马匹呼吸相应会加快；海拔高度越高，马匹呼吸相应会加快。

（二）异常呼吸的评估与护理

1. 呼吸频率异常

（1）呼吸次数增多。

引起呼吸次数增多的常见病因是：

（a）热性病：高温刺激呼吸中枢及病原微生物的作用引起机体呼吸迫促。

（b）呼吸器官本身疾病：上呼吸道度狭窄、呼吸面积减少或肺弹性丧失时，导致低氧血症，反射性引起呼吸次数增加。

（c）心力疾病及血液疾病：如心衰、贫血、大失血导致血液循环障碍。

（d）影响呼吸运动的其他疾病：如膈的运动受阻（膈的麻痹或破裂），腹压升高（胃肠臌胀时），胸壁疼痛性疾病（如肋骨骨折等）。

（e）剧烈疼痛性疾病：如严重的腹痛、骨折等。

（f）中枢神经系统的疾病：如脑充血，脑及脑膜炎的初期等。

（2）呼吸次数减少。

见于脑部疾病和中毒性疾病的后期引起的颅内压增高及濒死期，亦见于引起喉和气管以及细支气管狭窄性的疾病。呼吸次数的显著减少并伴有呼吸节律的改变，常提示预后不良。

2. 呼吸节律异常

马匹呼吸运动呈现一定的节律性，每次呼吸后间隔的时间相等，并且具有一定的深度和长度，吸气与呼气时间之比为 1∶1.8。如果这种时间比值发生改变称为呼吸节律异常，常见的呼吸节律异常有以下几种：

（1）吸气延长 。即气体吸入发生障碍，表现为马匹吸气时间显著延长，吸气动作吃力，见于上呼吸道狭窄和阻塞性疾病，如马匹气管内有炎性肿胀、肿瘤、黏液等。

（2）呼气延长。即肺泡内气体排出受阻，表现为马匹呼气时间显著延长，提示肺泡弹性下降及小支气管狭窄，见于肺气肿、细支气管炎。

（3）间断性呼吸。即吸气或呼气时出现多次短促而有间断的呼吸动作。见于胸膜炎、细支气管炎、慢性肺气肿以及胸壁和腹壁的疼痛性疾病。

（4）陈-施二氏呼吸。其特征是病马呼吸由浅逐渐加深、加快，当达到高峰后，又逐渐变弱、变浅、变慢，然后呼吸出现 15～30s 的暂停后，又重复如上变化的周期性呼吸，又称为潮式呼吸。这种呼吸节律是呼吸衰竭的早期表现，说明病情严重，常见于脑炎、脑膜炎、中毒、心力衰竭、大失血、尿毒症等。

（5）毕欧特氏呼吸。又称间停式呼吸，其特征为数次连续的、深度大致相等的深呼吸与呼吸暂停交替出现，即周而复始的间停呼吸，提示呼吸中枢的敏感性极度降低，病情严重，提示预后不良。见于各型脑膜炎、中毒性疾病及濒死期。

（6）库斯茂尔氏呼吸。其特征为没有呼吸中断，吸气与吸气均显著延长，呼吸次数显著减少，并伴有鼻鼾声和飞箭声等明显的呼吸杂音。见于呼吸中枢衰竭的晚期，是病危的象征。见于濒死期、颅内高压、尿毒症、大失血等。

3. 呼吸困难

呼吸运动加强，同时伴有呼吸频率改变和呼吸节律异常，有时呼吸类型也发生改变，呈现一种复杂的病理性呼吸障碍，称为呼吸困难。呼吸困难一般有三种情况：

（1）吸气性呼吸困难。特征为吸气困难、用力，吸气时间显著延长，辅助吸气肌参与活动，常伴有特异的吸人性狭窄音。病马吸气时鼻孔开张，头颈平伸，胸廓明显扩张，肘部外展，肛门内陷。常见于上呼吸道狭窄的疾病，如鼻腔狭窄、喉水肿、咽喉炎、马暗鸣症等。

（2）呼气性呼吸困难。特征为呼气发生困难，而呼气用力，呼气时间显著延长，辅助呼气肌（主要是腹肌）参与活动，腹部起伏动作明显，可出现连续二次呼气运动。高度呼吸困难时，沿肋弓出现一条较深的凹陷沟，称为喘沟，又称喘线或息劳沟。同时可见脊背弓曲，欣窝变平。由于腹部肌肉强力收缩，腹内压力加大，故呼气时肛门常突出，吸气时肛门反而下陷，称为肛门抽缩运动。呼气性呼吸困难，主要是由于肺泡弹性减退和细支气管狭窄、肺泡内空气排出困难所致。见于急性细支气管炎、慢性肺气肿、胸膜肺炎等疾病中。

（3）混合性呼吸困难。特征为吸气和呼气均发生困难，常伴有呼吸次数增加，是临床上最常见的一种呼吸困难。往往由于肺的呼吸面积减少，气体交换不全，致使血中二氧化碳浓度增高而氧缺乏，引起呼吸中枢兴奋的结果。见于广泛性肺部疾病以及马鼻疽、各种类型贫血和马传染性贫血、心内膜炎、心肌炎、创伤性心包炎和心力衰竭、脑膜炎、脑出血、脑肿瘤等各种疾病中。

4. 异常呼吸的护理

（1）提供舒适的环境。马厩应通风，换气良好，保持空气新鲜。并且严禁在马厩吸烟。

（2）保持呼吸道通畅。在马匹出现异常呼吸时要及时清除呼吸道分泌物，可以采用雾化痰液等方法，协助排痰，必要时给予吸痰。

（3）提供营养和水分。马匹异常呼吸时能量消耗和水分丢失较大，因此需增加营养物质和水分摄入以弥补能量和水分的消耗。

（4）吸氧。马匹出现严重的呼吸困难时可以采用吸氧的方式改善呼吸困难，缓解机体缺氧症状。

（三）呼吸次数的测量

测量呼吸次数的目的在于判断马匹呼吸有无异常，动态监测马匹呼吸变化，了解马匹呼吸功能，为诊断与治疗马匹疾病提供参考依据。

1. 测量呼吸次数的方法

（1）检查者站在马匹的侧前方，大概离马匹肩部30厘米，注意观察其腹肋部的起伏，一起一伏为一次呼吸，数一分钟内呼吸的次数。

图6-2-14　测量呼吸次数的方法

图6-2-15　观察马匹鼻翼的开张

（2）也可观察马匹鼻翼的开张动作进行计数，数一分钟内呼吸的次数。

（3）亦可通过听诊器听取马匹呼吸音来计数呼吸次数。

（4）冬天气候寒冷时，还可通过观察鼻孔呼出的气流进行计数，数一分钟内呼吸的次数。

2. 测量呼吸次数的注意事项

（1）测定呼吸数时，应在马匹休息、安静时检测。

（2）测定呼吸数时，观察时间一般为一分钟。

（3）观察马匹鼻翼的活动或将手放在鼻前感知气流的测定方法不够准确，仅能作为参考。最准确的测量方法是通过听诊器听诊肺部呼吸音以测量呼吸次数。

三、脉搏的评估与护理

（一）正常脉搏数及生理变化

脉搏数，即每分钟的脉搏次数。以触诊的方法感知浅在动脉的搏动来测定。检查脉搏可判断心脏活动机能与血液循环状态，甚至可判断疾病的预后。

成年马匹正常脉搏数为每分钟 26~42 次，幼驹较快。

马匹正常脉搏的次数受许多因素的影响，包括性别、年龄、饲养管理、地理环境、外界温度和湿度、紧张和兴奋状态、胃肠充满程度等，如采食及运动后脉搏次数增加，幼驹比成年马匹脉搏次数高。

（二）异常脉搏次数的评估及护理

1. 脉搏次数增多

主要见于发热性疾病、传染病、疼痛性疾病、中毒性疾病、营养代谢病、心脏疾病和严重贫血性疾病等。通常当脉搏数比正常增加一倍以上时，均提示病情严重。

2. 脉搏次数减少

常见于引起颅内压增高的脑病（如流行性脑脊髓炎、慢性脑室积水、脑肿瘤等）；某些中毒及药物中毒（如洋地黄或迷走神经兴奋剂）。脉搏次数的显著减少，则提示预后不良。

（三）脉搏次数的测量方法

图 6-2-16　站在马匹一侧

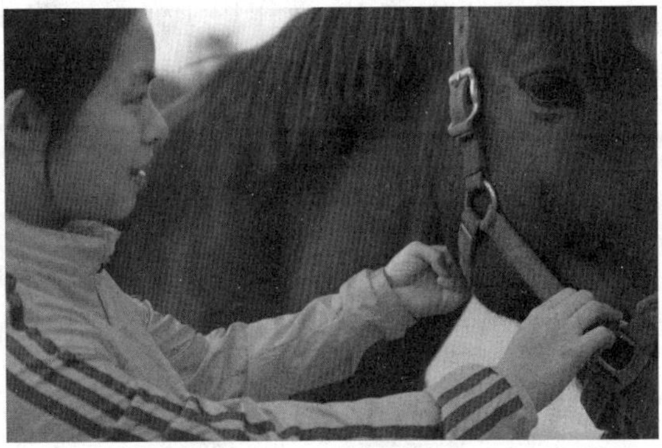

图 6-2-17　脉搏测量方法

检查者站在马头一侧，一手握住笼头，另一手拇指置于下颌骨外侧，食指、中指伸入下颌枝内侧，在下颌枝的血管切迹处，前后滑动，当感觉触摸到像绳索一样的东西或感觉为富有弹性的橡皮管即为颌外动脉管，用手指轻压该处即可感知动脉搏动。

保持手指不动，持续计数 15 秒该处动脉搏动的次数，完成测量。

图 6-2-18　保持手指不动

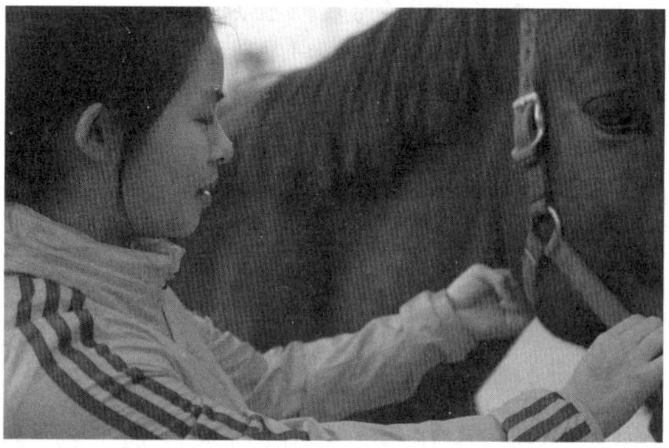

图 6-2-19　脉搏测量方法

将测得的数值乘 4，即为一分钟脉搏次数。

（四）脉搏次数测量的注意事项

第一，马匹脉搏测量的部位最好是颌外动脉，也可以为马匹前脚内侧的膝关节处动脉横跨脚骨的地方。

第二，测量脉搏时应用食指、中指、无名指等三指而非拇指，因为人的拇指本身亦有脉搏，可能会与马匹的脉搏混淆。

第三，测量脉搏时当脉搏过弱而不感于手时，可用心跳次数代替。

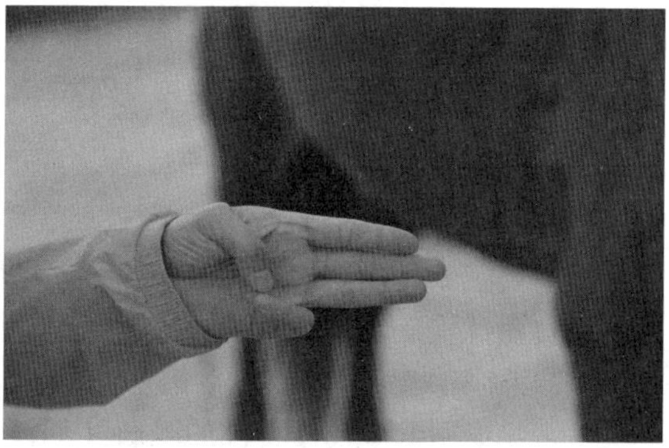

图 6-2-20　测量脉搏所用手指

四、血压的评估与护理

（一）正常血压及生理变化

血压是血管内血液作用于血管壁的侧压，原以毫米汞柱（mmHg）为测量单位，现逐渐改为千帕（kPa）作为测量单位。健康马匹的血压参考值：13.33～16.0/4.67～6.67（kPa）。

影响血压的生理因素有：

（1）年龄因素。幼年时期血压较低，老龄时血压较高。

（2）性别因素。公马比母马的血压要略高一些。

（3）役用情况。马匹剧烈运动或使役会引起暂时血压升高。

（4）外界环境因素。高温下血压下降，低温下血压升高。

（5）其他生理因素。马匹每日上午的血压较低，下午的血压较高。另外，测定部位不同，血压也有所差异。

（二）异常血压的评估及护理

血压的异常情况主要包括以下几种：

（1）血压升高。马匹血压高于正常值，见于剧烈疼痛性疾病、热性病、左心室肥大、肾炎、动脉硬化、铅中毒、红细胞增多症、输液过多等。

(2) 血压降低。马匹血压低于正常值，见于心功能不全、外周循环衰竭、大失血、慢性消耗性疾病等。

(3) 异常血压的护理。加强监测，掌握血压变化的动态情况，采取合理措施维持血压在正常范围。

(三) 血压的测量

(1) 测量仪器：听诊器、血压计。常用的血压计有水银柱式、弹簧式两种，弹簧式血压计携带和使用较为方便。

(2) 测量部位：多在马匹尾中动脉处。

(3) 测量方法：

①马匹进行站立保定。

②将血压计的袖带（橡皮气囊）缠绕于马匹尾根部。

③将听诊器胸件固定在尾中动脉搏动最明显处。

④关闭气压表上的阀门后，开始向袖带内充气，当气压表指针接近 26.66kPa 时，停止充气。

⑤小心扭开阀门缓慢放气，当指针逐渐下降到能听到第一个声音时，计压表指针所指刻度即为收缩压。

⑥随着缓缓放气，听到的声音逐渐加强，以后又逐渐减弱，并且很快消失，在声音消失前瞬间，计压表上指针所指刻度即为舒张压。

(4) 注意事项：

①马匹要进行保定，以免伤害测量者。

②任何时候都不要站在马匹正后方，以免马匹后踢伤人。

③马匹要保持安静，尽量避免骚动不安，防止肢体移动，使袖带内压力发生变化，影响测定结果。

④血压计一般是人用血压计，因此袖带松紧度应调整合适，袖带的松紧度以刚好能塞入听诊器的胸件为宜，不能过松也不能过紧，否则都会导致测量结果不准确。

⑤应反复测定 3~4 次，并取其平均值。

第七章 消化系统常见疾病护理

第一节 口炎

一、疾病概要

口炎又称为“口疮”，马匹常见消化系统疾病之一，各个年龄段的马匹都会发病，尤其是年老马匹更易发病。口炎是指马匹口腔黏膜表层或深层组织炎症的总称。口腔黏膜包括舌部的黏膜，颊部的黏膜，上、下颚的黏膜以及齿龈的黏膜等，形成的口炎类型包括舌炎、腭炎和齿龈炎等。

口炎按黏膜炎症的性质可以分为卡他性口炎、水泡性口炎、溃疡性口炎以及蜂窝织性口炎四种类型；按病程分类可以分为急性口炎和慢性口炎；按病因分为原发性口炎和继发性口炎。马匹较常见的一般为原发性、卡他性口炎。

原发性口炎指口腔黏膜为炎症发生的最初部位，其发生的原因主要有以下几个方面：

第一，物理性因素：主要指的是对马匹口腔黏膜的机械性刺激。这是导致马匹口炎最常见的原因。具体情况如下：

（1）马匹进食时粗硬的饲草如秸秆、麦芒、草尖等直接损伤口腔黏膜，导致口腔黏膜破损，食物或口腔中的细菌或病毒乘机从破损处侵入口腔黏膜，引起发炎。

（2）食物中混杂有尖锐的异物，如饲草或饲料没有仔细挑拣异物，混有铁丝、铁钉、木屑、玻璃碎片等在内。马匹进食时这些尖锐的异物会直接损伤口腔黏膜，引起黏膜破损，食物或口腔中的细菌或病毒乘机从破损处侵入口腔黏膜，导致发炎。

（3）马匹牙齿没有及时修整。因为马匹牙齿处于不停的生长状态，每隔六个月就要磨一次，以防牙齿过度生长。如果没有及时磨牙，就会导致过长的牙齿在马匹进食和咀嚼时损伤口腔黏膜，引起口腔黏膜炎症。

（4）在给马匹磨牙、灌胃或检查疾病等情况时，人为操作不当。如粗暴地使用口勒、胃管、开口器及整牙器械等，直接损伤口腔黏膜，导致口炎。

第二，化学性因素：主要指的是化学物质对马匹口腔黏膜的刺激或腐蚀。这是导致马匹口炎的重要原因。具体见以下情况：

（1）治疗马匹疾病时，经口投服刺激性药物的浓度过高，导致对口腔黏膜的腐蚀损伤，引起黏膜发炎。如治疗马匹肠痉挛的药物水合氯醛溶液具有较强的腐蚀性，浓度过高就会腐蚀损伤马匹口腔黏膜，引起口炎。再如治疗马匹消化不良疾病时，需要用到稀盐酸，其浓度过高也会腐蚀损伤马匹口腔黏膜，导致黏膜发炎。

(2) 马匹误食生石灰，误饮氨水等，均可损伤马匹口腔黏膜，引起口炎。

(3) 有毒植物、霉败饲料对马匹口腔黏膜的损伤，也可引起口炎。

(4) 饲喂过热饲料或灌服过热药物，对马匹口腔黏膜造成热损伤，也可引起口炎。

继发性口炎指邻近组织器官或全身性疾病蔓延到口腔黏膜，导致黏膜发炎。如舌炎、咽炎、食管炎等邻近组织器官的炎症蔓延到口腔，引起口腔黏膜感染发炎。也可以继发于某些全身性疾病，如马腺疫等疾病。

二、护理评估

(一) 口炎的共同症状

口腔黏膜出现充血潮红、肿胀，口温增高等与局部炎症感染有关的症状。

马匹抗拒检查口腔。强行检查时发现口腔黏膜如舌、软腭、硬腭及齿龈上有不同程度的红肿、溃疡或肉芽增生。舌面被覆多量舌苔，散发甘臭味或腐败臭味。有的口炎唇、颊、硬腭及舌等处有损伤或烂斑。

马匹采食小心而困难、咀嚼缓慢，甚至咀嚼几下又将食团吐出等口腔局部疼痛。

马匹唾液分泌增加，有流涎的症状，口腔湿润，口角附着白色泡沫，或唾液呈牵丝状流出。

(二) 不同类型口炎各自的症状

卡他性口炎。“卡他”指的是黏膜的充血肿胀与炎性渗出。卡他性口炎主要的症状就是口腔黏膜的充血肿胀与炎性渗出。卡他性口炎是病情最轻微的口炎，一般恢复迅速，预后良好。

水泡性口炎。指马匹口腔黏膜上有大小不等的水泡，内含透明或黄色的浆液性液体。多由病毒感染引起，如水泡性口炎病毒等。尤其需引起注意的是其主要病变部位在舌背部，因此不易发现，容易漏诊。感染马匹一般在一周左右康复，很少发生死亡。

溃疡性口炎。多由细菌感染引起，指马匹口腔黏膜，如牙龈、舌、颊、唇内侧及上腭等处有大小不等的糜烂、坏死或溃疡形成，一般为散在的溃疡，有时亦可连成大片。黏膜化脓、出血及坏死，伴随有口内流出灰色不洁而带恶臭味的唾液。

蜂窝织性口炎。是一种比较严重的口腔炎症。多为细菌感染所致，如金黄色葡萄球菌、溶血性链球菌等。病马口腔黏膜肿胀，并有灰白色或淡黄色的小结节，结节脱落后，表面形成小溃疡，最后结瘢痕而愈。

三、护理措施

(一) 做好口腔护理

一般情况下可用1%的食盐水、0.1%的高锰酸钾溶液、0.1%的新洁而灭或2%的硼酸溶液、2%~3%的碳酸氢钠溶液等洗涤马匹口腔，以杀灭细菌，消除炎症。每天洗3~4次。也可以用白糖、冰片合用治疗口腔炎。方法是将白糖、冰片按5∶1的比例混合拌匀、装入单层纱布袋，两侧结系绷带、噙在病马口中。经过一个疗程，基本可以痊愈。此法简单易行，病程缩短，治愈率提高。

流涎时，可用1%的明矾溶液或1%的鞣酸溶液洗口，主要是起收敛作用，减少炎性分泌物流出。并且及时清除皮肤表面的流出物，以保持皮肤干燥、清洁，避免引起皮肤湿疹及糜烂。

对口腔黏膜有损伤、烂斑或溃疡的病马，可用1%的揉酸蛋白溶掖冲洗，在口腔洗涤后，还要用碘甘油或2%的龙胆紫溶液涂抹创面。

进食后用清水冲洗口腔，并鼓励多饮水，以保持口腔黏膜湿润和清洁，防止细菌或病毒繁殖。

（二）正确涂药

为了确保局部用药达到目的，涂药前用干棉球将病变部黏膜表面吸干净后方能涂药。涂药时手法一定要轻柔。涂药后马匹不可马上饮水或进食。

（三）饮食护理

口炎的饮食以高热量、含丰富维生素的温凉流质或半流质为宜。对由于口腔黏膜糜烂、溃疡引起疼痛影响进食的情况，在进食前用2%的利多卡因涂口腔局部。喂给马匹柔软易消化的饲料，如青草、青干草、小米粥等，经常饮清水，以保持口腔黏膜清洁湿润，防止细菌繁殖。食物及水的温度不可过热或过冷，以温凉为宜，以免刺激溃疡处引起疼痛。喂饲后最好用清水冲洗口腔。对不能进食的马匹，应灌肠给予营养，以确保能量与水分供给。

（四）监测体温

口炎一般不会引起马匹体温升高。如果严重口炎导致马匹体温升高时，可用冷水袋、冰袋等物理降温法降低体温，必要时给予药物降温，如青霉素等抗生素和磺胺类药物。

为了杜绝病原扩散，可用2%的碳酸氢钠溶液刷洗饲槽、水池，进行消毒处理。

第二节　消化不良

一、疾病概要

马消化不良又称为卡他性胃肠炎，是马胃肠黏膜浅表层的卡他性炎症，导致消化器官功能受到扰乱，引起马匹胃肠的消化、吸收功能减退，食欲不振或废绝。长期的消化不良还会导致马匹营养不良、免疫功能下降等。消化不良是马匹常见疾病，年老体弱马匹更易发生。引起马匹消化不良的原因主要有以下几个方面：

1. 草料质量不佳

饲喂马匹的草料质量较差，如草料过于粗硬，草料中含有较多泥沙等异物，草料冰冻或发热，以及草料发生了霉变、虫蛀等情况，这样的草料进入马匹胃肠后会直接损伤胃肠黏膜，导致黏膜发炎，进而引起胃肠正常蠕动功能失调，导致消化不良。

2. 草料加工不当

饲喂马匹的草料本身质量是没有问题的，但是在喂食前的加工过程中，由于草料加工过长、过短，或颗粒状的饲料没有充分粉碎、或过于粉碎以及坚硬的饲料没有充分泡软等原因也会引起马匹消化不良。这主要是因为：（1）加工过长的饲料，没有充分粉碎的饲料，以及没有泡软的坚硬饲料等都会直接损伤马匹胃肠黏膜，导致黏膜发炎，进而引起胃肠正常蠕动功能失调，导致消化不良。（2）加工过细过短的草料、过于粉碎的饲料等，由于其体积过小，对胃肠刺激减弱。导致马匹胃肠蠕动功能减弱，消化能力下降，进而消化不良。

3. 饲喂不当

马匹是生活习性很强的动物，其进食要求非常规律。一旦发生饲喂不规律的情况，如饲喂时间不固定，饲喂量时多时少，突然改变日粮结构，随意改变饲喂顺序，甚至更改饲喂地点等都会引起马匹胃肠不适应，引起功能紊乱。导致其蠕动功能和分泌功能下降，影响对食物的消化与吸收，发生消化不良。

4. 饮水不当

饮水对马匹具有特殊重要的作用，一旦饮水不当，会导致马匹出现包括消化不良在内的各种异常情况，甚至危及马匹生命。饮水不当包括饮水不足和饮水过多两种情况。（1）马匹饮水不足，机体通过汗液、消化液等大量丢失的水分不能及时补充，引起机体缺水，使马匹消化液生成与分泌量减少。导致对食物的消化能力下降，引起消化不良。（2）马匹饮水过多，特别是进食后暴饮，大量水分进入胃肠道，稀释胃肠道消化液，使消化液浓度下降，消化功能降低，也会导致马匹消化不良。

5. 劳逸不均

劳逸不均指马匹运动和休息分配不合理。马匹过于剧烈运动或使役以及过于安逸休息都会导致消化不良发生。

（1）马匹过于剧烈运动或使役时，骨骼肌能量需求加大，机体会分配大量的血液流入骨骼肌内，以满足马匹剧烈运动或使役时肌肉的能量需求。由于马匹体内血液总量是固定不变的，流入骨骼肌的血液增多，必然导致流入胃肠道的血液量减少。胃肠缺血导致胃肠能量供应减少，动力不足，蠕动功能减弱，对食物的消化能力下降，引起消化不良。

（2）马匹过于安逸休闲，运动量太少，会导致全身肌肉紧张性降低。包括内脏平滑肌和消化腺平滑肌的紧张性下降，使胃肠蠕动功能降低、消化液分泌减少，引起对食物的消化能力下降，导致消化不良。

6. 役饲失当

役饲失当指使役或运动与饲喂关系不合理，马匹饲喂后立即运动，或运动结束后立即饲喂都会引起消化不良。

（1）马匹饲喂后立即运动引起消化不良的原因：马匹饲喂后由于胃肠集聚大量食物，机体为促进食物消化，会分配大量血液流入胃肠血管。这时如果马匹立即运动，由于骨骼肌能量需求加大，机体必然增加对骨骼肌的血液供应，从而减少对胃肠的血液供应，引起胃肠缺血，动力不足，蠕动功能下降，导致消化不良。

（2）相反，马匹运动结束后也不能立即饲喂。这是因为，马匹运动时骨骼肌能量需求增加，为满足肌肉能量需求，大量血液集聚在骨骼肌内，内脏器官处于缺血状态。运动刚刚结束，骨骼肌内的血液来不及回到胃肠道，如果这时立即进行饲喂，胃肠道仍然处于缺血状态。胃肠能量供应不足，其蠕动功能下降，对食物的消化能力降低，同样会发生消化不良。

7. 天气因素

天气突然发生变化，如突然降温，刮风，下雪或温度增高等情况下，马匹胃肠一时不能适应，功能易出现紊乱，对食物消化能力下降而发生消化不良。这种情况称为“气候应激”，在马匹身上比较常见，除了易发生消化不良以外，还会出现肠便秘、肠痉挛等胃肠疾病。

8. 继发因素

马匹某些传染病、热性病和胃肠道寄生虫病，如慢性胃炎、胃或十二指肠溃疡、马胃蝇蛆病以及纤维性骨营养不良等疾病常继发消化不良。

9. 诱发因素

马匹年老体弱，机体各项生理功能下降，也包括消化能力下降，易诱发消化不良。

二、护理评估

（一）消化不良的共同症状

（1）食欲下降。马匹一般表现不爱进食，食量减少，采食缓慢，中途退槽，甚至绝食。

（2）口腔变化。口腔干燥或者湿润，口臭，有舌苔。

（3）肠音变化。肠鸣音增强或减弱。

（4）粪便变化。粪便干硬也可能稀软，粪便内常混有消化不全的粗纤维和饲料。

（5）生命体征变化。生命体征没有明显变化，体温、呼吸、脉搏基本不变。

（二）以胃功能障碍为主的消化不良

（1）精神状态变化。精神状态不佳，马匹无精打采，常打呵欠。

（2）食欲变化。食欲明显下降，马匹基本上不吃食物，甚至出现食欲废绝。有的马匹还会出现异嗜，表现为啃食木头，缰绳甚至泥土、粪便。

（3）口腔变化。由于胃功能障碍，大量食物聚集在胃内，容易发生食物腐败发酵，产生大量腐败恶臭气体从口腔排出，导致马匹口腔干燥，口臭明显，散发甘臭味或恶臭味，舌苔量多、厚腻。

（4）肠音变化。消化不良病马胃肠蠕动功能减弱，肠鸣音一般减弱甚至消失。

（5）粪便变化。粪便一般干硬，体积小而颜色暗，表面被覆黏液。但是，如果消化不良病程较长，粪便则会变得稀软。

（三）以肠功能障碍为主的消化不良

（1）精神状态变化。马匹精神状态尚可，对周围刺激反应比较敏感。

（2）食欲变化。由于发生消化不良的部位在肠道，胃部消化功能正常，因此食欲下降不明显，马匹还能进食。

（3）口腔变化。口腔湿润，口臭较轻，舌苔量少较薄。

（4）肠音变化。肠鸣音早期一般增强，后期肠音减弱。

（5）粪便变化。肠蠕动亢进，导致粪便稀软，呈粥状或水样，甚至排粪失禁。

三、护理措施

（一）去除病因

能够引起马匹消化不良的原因都要尽量避免，这是护理措施的基础。如质量不佳的草料就不要继续喂马；马匹要及时饮水但又要避免进食后暴饮；马匹不要过于劳累也不要过于安逸；马匹进食后不要立即运动，运动后也不要立即进食等。

（二）保护胃肠黏膜

（1）消化不良病马要喂给柔软易消化的草料，如青草、青干草、麦麸粥等，但量不要过多，每次饲喂至5~6成饱即可，不可进食过饱。饲喂次数不宜过频，以保护马匹胃肠黏膜，避免不良因素的继续刺激，有利于胃肠黏膜恢复正常。

（2）不要饲喂过冷过热的饲料。因为，消化不良时胃肠比较敏感，进食过冷过热饲料可能会加重病情，甚至还会诱发腹痛。

（3）可以给马匹饲喂少量苹果，因为苹果既能止泻，又能通便，能增进胃肠消化功能。其中含有的鞣酸、有机碱等物质具有收敛作用，所含果胶可吸收毒素，对缓解消化不良症状效果较好。但也不要饲喂过多，以免加重胃肠负担。

（三）逐渐恢复正常饮食

消化不良疾病痊愈后，不能立即恢复正常饲喂，需逐渐过渡到正常饮食。因为从疾病痊愈到胃肠功能完全恢复需要一定的时间。如果疾病痊愈立即恢复正常饮食，会导致马匹胃肠适应不了，又会发生消化不良。

（四）饲喂要有规律

饲喂有规律，包括定时、定量饲喂。马匹有规律的进食，可以让胃肠消化液分泌形成规律，有助于食物的消化。

（五）清肠止酵

清除胃肠道内多量消化不全产物或炎性产物，防止其腐败发酵产生毒素，以减轻对胃肠黏膜的刺激。常用药物为：盐类泻剂如硫酸钠200~300克，或人工盐300~500克，加水4000~6000毫升，加硫桐脂15~20克或克辽林15~20毫升，1次内服。

（六）调整胃肠功能

一般在清肠后进行，根据消化不良发生的部位不同，调整胃肠功能所用的药物也不相同。

（1）以胃功能障碍为主的消化不良，常用药物为酸性健胃剂，如龙胆酊或苦味酊50~80毫升，或稀盐酸15~30毫升，加水500毫升，1次内服，每日1~2次，连用数日。主要作用是促进胃酸分泌，增强胃的蠕动功能，以促进食物消化。

（2）以肠功能障碍为主的消化不良，常用药物为碱性健胃剂，如健胃散80~100克，加水适量，1次内服，每日1~2次；或碳酸氢钠50~80克，加水适量，1次内服，每日1~2次。连用数日。主要作用是促进肠液分泌，增强肠道蠕动功能，以促进食物消化，缓解消化不良的症状。

第三节　急性胃扩张

一、疾病概要

急性胃扩张是指胃在短期内有大量内容物不能排出，而发生的极度扩张，是马匹由于胃排空机能障碍或贪食过多，使胃急剧膨胀而引起的一种急性腹痛病。急性胃扩张发生的解剖学基础是由于马匹胃的容积非常小，单次进食量很小。如果短时间内进食量过大，导致食物（或食物残渣）淤积在胃部，使胃部胀大，发生急性胃扩张。发生急性胃扩张的原因主要有以下几个方面：

（1）采食大量难消化或易膨胀的饲料。采食大量难消化或易膨胀的饲料，如豆饼、燕麦、大麦等，由于饲料难于消化，不能及时排出胃部，故大量聚集在胃部，导致胃部胀大。

（2）采食大量易发酵的饲料。采食大量易发酵的饲料，如堆积发热变黄的青草以及发霉的草料等，由于饲料发酵产气，大量的气体充满胃部，导致胃部胀大。

（3）偷食大量精料。马匹偷食，进食大量精料。短时间内进食大量精料使胃突然过度充盈、胃壁肌肉受到过度的牵拉而发生反射性麻痹，食物积聚于胃内，胃持续扩大，导致急性胃扩张。

（4）饱食后，突然喝大量冰冷的水。饱食后突然喝大量冰冷的水，食物遇水发生膨胀，也会导致胃部胀大。

（5）役饲关系失调，劳役后立即进食或进食后即刻劳役。

①劳役或运动后立即进食。机体劳役或运动刚刚结束时，集聚在骨骼肌内的血液来不及重新分配回到胃肠道。如果这时立即进行饲喂，胃肠道仍然处于缺血状态。胃肠能量供应不足，其蠕动功能下降，对食物的消化能力降低。食物难以消化，胃排空能力下降，导致食物大量集聚在胃部，发生急性胃扩张。

②进食后即刻劳役或运动。由于运动，肌肉能量需求增大，机体血液大量分配到肌肉中，以满足肌肉能量供应。内脏包括胃肠血液供应相应减少，使胃部缺血，引起胃的蠕动功能下降，胃动力不足，消化能力下降。食物难以消化，胃排空能力下降，导致食物大量集聚在胃部，发生急性胃扩张。

（6）突然变换饲料。饲料突然改变，包括饲料种类、饲料配比、饲喂时间甚至饲喂顺序发生变化，马匹胃肠不能很快适应，功能发生紊乱。引起消化能力下降，胃排空能力降低，导致食物大量集聚在胃部，发生急性胃扩张。

（7）继发于肠阻塞、肠变位等疾病中。机体发生肠阻塞，肠变位等疾病，特别是小肠完全阻塞或小肠变位时，引起肠道不通，消化液大量集聚在马匹肠道内。消化液集聚过多，肠腔容纳不下时，就会向其他部位转移。由于小肠离胃部很近，消化液就会向前方的胃部集聚，最终导致胃部被大量消化液充满，发生急性胃扩张。

（8）其他因素。马匹比赛前情绪紧张、长期营养不良等情况下均可引起植物神经功能紊乱，使胃的张力减低和排空延迟，导致进食后发生急性胃扩张。另外，水、电解质代谢失调、严重感染（如败血症）均可影响胃的张力和胃的排空，导致急性胃扩张。

二、护理评估

急性胃扩张根据胃内容物性状不同分为三种类型：胃内容物为食物的（固态），称为食滞性胃扩张；胃内容物为气体的（气态），称为气胀性胃扩张；胃内容物为液体的（液态），称为液胀性胃扩张。由于胃内有大量食物、液体或气体集聚，导致胃部急剧增大，因此，常有以下表现：

1. 食欲废绝

由于胃部充满大量食物、气体或液体，胃部有饱胀感，马匹完全不能进食。表现为食欲废绝，病马完全停止进食，甚至饮水也停止。

2. 眼结膜充血潮红，甚至发绀

急性胃扩张的胃部发生胀大，占据腹腔内更多空间，推挤膈肌向前，使胸腔空间压缩减小。导致胸腔内肺的活动空间减少，肺不能充分呼吸。引起机体缺氧，表现出眼结膜充血潮红，甚至发绀。

3. 口腔变化，口臭明显

发病初期或病情较轻时口腔尚保持湿润，病情较重时口腔变得干燥。口臭明显且味奇臭。正常情况下，马匹口腔散发干草味。急性胃扩张的病马，食物或食物残渣大量集聚在胃部，腐败发酵产生难闻的气体，从口腔排出来，引起口臭。

4. 剧烈腹痛

腹痛是急性胃扩张最突出的症状。开始只是轻微的间歇性腹痛，马匹表现尚不明显。很快转变为持续而剧烈的腹痛，马匹表现烦躁不安，频频回头顾腹，甚至咬自己的腹部。急起急卧，横冲直撞，卧地打滚。

5. 肠鸣音变化

急性胃扩张导致肠麻痹，使肠鸣音逐渐减弱，最后完全消失。

6. 呼吸急促

急性胃扩张由于胃部剧烈胀大，占据腹腔空间增大。推挤膈肌向前，使胸腔空间压缩减小，导致胸腔内肺不能充分呼吸，引起机体缺氧，放射性引起呼吸急促。马匹呼吸频率明显加快，每分钟达20次左右，严重者甚至发生呼吸困难。

7. 脉率增加，强度减弱

由于胸腔内肺不能充分呼吸，引起机体缺氧，为了保证机体氧气供应，心脏增加跳动次数以搏出更多血量，以满足机体对氧气的需求。引起心跳加速，导致脉率不断增快。同时，脉搏由强转弱。

8. 其他症状

病情严重时出现皮肤弹性降低，眼窝深凹，这是由于马匹脱水引起的症状。马匹局部或全身出汗，精神萎靡，严重者出现嗜睡、昏迷、尿少，甚至发生休克及全身循环衰竭，导致马匹死亡。

9. 胃管检查以确定胃扩张类型

（1）插入胃管，立即有大量气体从胃管放出，马匹随之安静下来，过后也不复发，病情稳定。表明是气胀性胃扩张。

(2) 插入胃管，仅有少量气体和稀糊状食糜从胃管流出，甚至没有任何东西从胃管流出，马匹症状没有明显缓解，病情无改善。表明是食滞性胃扩张。

(3) 插入胃管，有大量液体从胃管流出，马匹随之安静下来，但很快复发，又出现明显症状，病情反复。表明是液胀性胃扩张。

三、护理措施

急性胃扩张的护理重点是解除胃的扩张状态，缓解幽门痉挛，镇痛止酵和恢复胃功能。具体措施包括以下方面：

1. 气胀性胃扩张的护理

用胃管排出胃内胀气后，马匹症状明显缓解，病情稳定。后续护理主要是防止复发。采取的措施为，通过胃管向胃内灌入由水合氯醛15~25g、酒精50ml、福尔马林10~20ml、温水500ml混合组成的水合氯醛酒精合剂。

2. 食滞性胃扩张的护理

食滞性胃扩张通过胃管不能缓解症状，其主要护理措施是洗胃。通过胃管向胃内反复灌入温水（注意不能是冷水，以避免对胃的刺激），每次500ml左右，注意每次灌水量不能太多，以免加重胃扩张状态，甚至导致胃破裂。反复灌吸，以将食物不断抽吸出胃。直至吸出液基本无食物残渣，也无酸臭味时为止。

3. 液胀性胃扩张的护理

液胀性胃扩张通过胃管排出积液只能暂时缓解症状，易复发。要彻底解除胃扩张状态需要从两个方面进行护理。

(1) 胃管排出大量液体后，症状立即缓解，须立即通过胃管向胃内灌注由15~20ml乳酸、100~200ml酒精、500~1000ml液体石蜡，以及适量水组成的混合液，以促进胃功能的恢复。

(2) 另一方面，根本措施是要针对引起液胀性胃扩张的原发疾病，如肠阻塞、肠变位等进行治疗。只有治愈这些原发疾病才能真正解除液胀性胃扩张症状。

第四节　肠痉挛

一、疾病概要

肠痉挛又称为“痉挛疝”、“痉挛性肠绞痛”，或“卡他性肠痛”。是由于肠壁平滑肌受到异常刺激发生阵阵强烈收缩而引起的阵发性腹痛。一般为功能性障碍，不是器质性疾病所导致。肠痉挛最突出的表现是间歇性腹痛，在秋冬季节比较常见。导致肠痉挛发生的原因有以下几个方面：

1. 机体受寒

如风雪侵袭、寒夜露宿，出汗后淋雨以及天气突然降温而保暖不利等，引起肠壁暂时性缺血，或导致副交感神经兴奋，使肠胃的平滑肌痉挛，从而导致肠痉挛疾病。

2. 冷冻食物

大量摄入冷水或冰冻食物对肠道刺激，导致副交感神经兴奋，引起肠道痉挛性收缩。

3. 过甜食物

食物中含糖量过高，如饲料中加过多红糖而引起肠内积气，刺激肠道平滑肌，引起肠道痉挛性收缩。

4. 霉变食物

霉变或腐败食物中的有毒物质刺激肠道，导致肠道副交感神经兴奋，引起肠道痉挛性收缩。

5. 内在因素

如消化不良、肠炎、肠道寄生虫以及寄生虫毒素等机体内在因素也会刺激肠道，引起肠道痉挛性收缩。

二、护理评估

肠痉挛最突出的症状就是间歇性腹痛，即腹痛不是持续性发作，而是时作时止。其表现为：腹痛发作时马匹横冲直撞，卧地打滚，经过5~10分钟后，马匹表现非常安静，自如进食，就像健康马匹一样。但是，过几分钟后，又会出现横冲直撞，卧地打滚的腹痛症状，持续5~10分钟后，又变为安静进食。如此反复，但腹痛总的持续时间不会超过3个小时。个别马匹其反复发作的腹痛，可迁延数日。因此，该疾病有自愈的特点。

除此之外，肠痉挛还有以下表现：

1. 口腔变化

如果病情较轻，病马口腔湿润，口色正常，如果病情较重，则口腔干燥，口色发白。

2. 肠音变化

肠音变化也是肠痉挛特征性表现。病马肠鸣音显著增强，连绵不断，声音高亢，甚至在离马匹数步之外都可听到高朗的肠鸣音；偶而会出现金属性肠鸣音。

3. 粪便变化

肠痉挛病马由于肠道频频发生痉挛性收缩，导致排粪次数增加。粪便很快由干变稀，但粪便量逐渐减少。

4. 全身症状

全身症状不明显。除在腹痛发作时马匹呼吸会变得急促外，体温、呼吸、脉搏等生命体征没有明显改变。

三、护理措施

肠痉挛的护理原则是解除痉挛，清肠止酵。具体措施包括以下几个方面：

其一，解除痉挛。

肠痉挛的根本病变是肠道平滑肌发生痉挛收缩，因此要缓解肠痉挛症状，最根本的措施是解除肠道平滑肌痉挛。解除平滑肌痉挛有效的措施是使用药物水合氯醛。因此，可静脉注射5%的水合氯醛酒精注射液100~200毫升来缓解肠道痉挛症状。也可用盐酸双环胺，它作为一种抗胆碱能药物，具有阿托品样的解痉作用，并有一定的中枢安定作用，有助于马匹腹痛期保持镇静。

其二，清肠止酵。

为防止肠道内食物残渣腐败发酵，产生有毒物质刺激肠道，引起肠道再次发生痉挛收缩。在解除肠道平滑肌痉挛的同时，用水合氯醛 8 克、樟脑粉 8 克、植物油（或液体石蜡）500 毫升配成的混合液进行内服，以清肠止酵，防止复发。

其三，保持马厩安静，减低环境噪音，以利于马匹休息，促进疾病恢复。

其四，用热水袋捂马匹腹部，可以缓解肠痉挛症状，但要注意温度不要太高，以免造成马匹烫伤。操作时要注意安全，防止被马匹踢伤或咬伤。

其五，定时、定量饲喂马匹。有规律的进食对马匹肠道功能的恢复有好处，可以防止肠痉挛复发。

第五节　肠阻塞

一、疾病概要

肠阻塞又称“肠便秘”，俗称“结症”，是马匹消化系统中最常见的疾病，是肠管运动机能和（或）分泌机能紊乱，粪便积滞不能后移，致使某段或某几段肠腔完全或不完全阻塞的一种急性腹痛病。根据阻塞部位不同，肠阻塞可以分为小肠阻塞和大肠阻塞；根据阻塞的严重程度不同，肠阻塞可分为完全阻塞和不完全阻塞。

肠阻塞的发生与马匹消化系统中肠道粗细不均有重要关系。食物残渣在通过粗细不等的相邻肠管时，容易滞留在肠管交接部，引起肠道阻塞。具体来说导致马匹肠阻塞的原因有以下几个方面：

1. 饲喂难以消化的饲料

给马匹饲喂大量粗硬的饲料，如老苜蓿草、桔梗、树枝、稻草等。由于饲料粗硬，马匹难以充分咀嚼，就吞入胃肠，以及饲料消化困难，使得食物残渣体积较大。体积较大的食物残渣在通过管径比较小的肠管时就容易堵塞肠道。

2. 饲料突然改变

饲料构成成分发生突然改变，或突然改变饲养方法和突然变换饲料，都会导致马匹胃肠道一时不能适应，功能发生紊乱，引起肠道蠕动功能和分泌功能减弱，消化能力下降，食物残渣体积较大，使得食物残渣向前推进困难，进而停滞下来，导致肠道阻塞。

3. 饮水不足

马匹每日需水量巨大，如果饮水不足，就会导致马匹缺水。马匹缺水会引起两个方面的后果，共同造成肠道阻塞。

（1）由于机体缺水，马匹消化腺分泌消化液的量减少，消化液分泌减少会引起食物消化不充分，导致食物残渣体积较大。体积较大的食物残渣在通过管径比较小的肠管时就容易堵塞肠道，同时，体积较大也增加食物残渣后移阻力，而引起肠道阻塞。

（2）由于机体缺水，马匹会代偿性增加体内水分的重吸收。包括肠道内食物残渣所含水分被大量重吸收，导致食物残渣水分减少，粪便变得干燥而坚硬。这就增大了食物残渣与肠壁的摩擦力，粪便后移阻力增大，导致食物残渣或粪便向后移动缓慢，甚至停滞下来，阻塞肠管。

4. 机体缺盐

马匹正常情况下会根据自身需要，舔舐盐砖，补充盐分。因此，一般很少发生缺盐的情况。一旦机体缺盐，一方面，会引起胃肠蠕动功能变弱，食物残渣向后推进的力量减弱，导致食物残渣容易停滞下来，阻塞肠管。另一方面，会使消化腺分泌机能减弱，引起食物消化不充分，导致食物残渣体积较大。从而增加食物残渣后移阻力，而引起肠道阻塞。

5. 天气因素

天气突然发生变化，如突然降温，刮风，下雪或温度增高等情况时，马匹胃肠一时不能适应，功能易出现紊乱，引起消化能力下降，食物不能被充分消化，导致食物残渣体积较大。体积较大的食物残渣在通过管径比较小的肠管时就容易堵塞肠道，同时，体积较大也增加食物残渣后移阻力，而引起肠道阻塞。

6. 其他因素

马匹采食后立即使役、运动，或使役、运动结束后立即进食、肠道寄生虫侵袭、牙齿磨灭不整等因素都可能是引起马匹发生肠阻塞的原因。

另外，马匹老龄体弱、舌伤、慢性胃肠疾病、肠管狭窄、腹腔脏器粘连等疾病，都易发生和继发肠便秘。

二、护理评估

肠阻塞的临床表现比较复杂，分为共同症状和特有症状。具体来说有以下表现：

1. 共同症状

（1）腹痛。

肠阻塞一般都会发生腹痛症状。马匹表现为频频回头顾腹，甚至咬自己的腹部。腹痛严重程度，跟阻塞部位和阻塞的严重程度有关。一般来说，小肠阻塞比大肠阻塞腹痛更严重，完全阻塞比不完全阻塞腹痛更严重。完全阻塞的肠便秘，多呈现剧烈的或中等的腹痛，不完全阻塞的肠便秘，多呈轻度腹痛，但也存在个体差异性。

（2）肠音变化。

肠鸣音在疾病初期增强，到疾病后期则减弱，甚至完全消失。

（3）粪便、尿液变化。

排粪跟肠鸣音变化同步，在疾病初期排粪增多，甚至粪便呈稀软状，到疾病后期排粪减少至完全停止，粪便干硬。排尿减少或停止，且腹痛越剧烈排尿越减少。

（4）口腔变化。

疾病初期，口腔颜色、湿润度等基本正常。随着疾病的发展，机体脱水情况加重，口腔颜色逐渐加深，湿润度下降，甚至出现口腔干燥。舌苔在疾病初期不明显，后逐渐变明显，色灰白带黄，厚腻形成裂纹。口臭明显，这是因为肠道发生阻塞，大量食物残渣在肠道部位腐败发酵，产生难闻气体，从口腔散发出来，形成口臭。

（5）全身反应。

饮食欲明显下降，甚至完全废绝。这是由于肠道发生阻塞，胃部食物不能正常顺利进入肠道，食物大量集聚在胃部，导致胃部胀大，马匹饱胀感明显，因此不愿进食。

疾病初期，体温、呼吸和脉搏多无明显变化。随着病情发展，如果继发其他邻近组织或器官炎症如胃肠炎、腹膜炎等就会导致体温升高，同时腹壁紧张；继发胃扩张时，呼吸促迫；继发肠臌胀时，除呼吸促迫外，还见腹围膨大；如果马匹腹痛剧烈就会导致呼吸和脉搏次数增加等。

（6）直肠检查。

通过直肠触诊，多数可以摸到不同形状、大小和硬度的结粪阻塞的肠段。

2. 特有症状

肠阻塞根据阻塞部位的不同，分为小肠阻塞和大肠阻塞两种，其表现还是有明显不同。

（1）小肠阻塞的表现。

①发病时间：常在采食过程中或进食后几小时内发病。

②继发胃扩张可能性：由于离胃很近，小肠阻塞后很容易继发胃扩张，一般引起液胀性胃扩张。

③腹痛程度：腹痛剧烈。

④肠音减弱并很快消失，排粪停止。

（2）大肠阻塞的表现。

①发病时间：进食后相对较长时间发病。

②继发胃扩张可能性：由于离胃较远，阻塞后不易继发胃扩张，但易继发肠臌气。

③腹痛程度：腹痛程度不定，根据大肠阻塞部位不同，腹痛情况有明显差异。阻塞发生在骨盆曲、小结肠等部位时，腹痛非常剧烈；阻塞发生在盲肠、直肠等部位时，腹痛轻微。

④肠音不整，盲肠音或左侧结肠音显著减弱，但是，即使到了疾病的后期，肠音也不完全消失。

三、护理措施

肠阻塞的护理原则为“静、通、补、减、护”，具体措施包括以下几个方面：

其一，“静”即镇静镇痛，使病马安静。主要通过镇痛解痉的手段缓解马匹腹痛。所用药物一般为5%的水合氯醛酒精注射液。

其二，“通”即疏通马匹肠道，使结粪变形或排出，主要通过药物泻法，生物软化法，直肠破结法和手术破结法等手段清除阻塞的肠道内容物。这是缓解肠阻塞症状的核心措施。一般用得最多的是药物泻法，常用药物有食盐、鱼石脂、常水混合，一次内服。或用硫酸钠、大黄末、松节油、温水混合，一次灌服。此两者方法适用于大肠便秘的早期及中期。需要强调的是用盐类泻剂后要供给充足饮水；或用液体石蜡、松节油、克辽林、温水混合，一次内服。此方适用于小肠便秘，灌药前先导胃。

其三，“补”即补液强心。主要通过补液的手段纠正马匹的脱水与失盐，调整酸碱平衡，缓解自体中毒等症状。一般采取多次静脉注射补液，所用药物根据阻塞部位及阻塞严重程度不同而有不同。在补液的基础上，应用强心药如安钠咖等增强心肌收缩力，提高心脏泵血量，有助于肠阻塞疾病的恢复。

其四，“减”即胃肠减压：由于肠阻塞一般都会继发胃扩张或肠臌胀，因此需要及时用胃管导出胃内积液，或者穿肠放气，解除胃肠扩张或臌胀状态，同时，降低腹内压，改善血液循环机能。

其五，“护”即做好防护：马匹由于腹痛出现卧地打滚、横冲直撞等情况，这时需特别做好防护工作，做适当牵遛活动，防止马匹撞击腹部，导致胃肠破裂，甚至马匹死亡。

其六，喂给充足饮水：水在肠阻塞的治疗与护理中起到关键作用，主要原因有以下两个方面：

（1）肠阻塞病使马匹食欲和饮欲都会下降，导致马匹摄入的水分不足。同时为了疏通肠道又灌服了大剂量的泻剂，机体中大量的水分被吸收到肠道，再加上剧烈腹痛时马匹全身大量出汗，很快就形成脱水状态，并随病程的延长而脱水加重。严重脱水的结果是使血液浓缩、血容量减少，导致体内电解质紊乱、血液的酸碱平衡失调，形成酸中毒，也导致马匹出现严重并发症，危及马匹生命。

（2）肠阻塞治疗过程中也需水的参与，如疏通肠道所用的泻药必需水分的参与才能起到作用。

马匹肠阻塞好转情况下，在胃肠功能还没有完全恢复前应尽可能少给精料和干草，但应给予充足的饮水，对于极度衰弱的病马，应采用分次少量的办法给予冷开水。

第六节　急性出血性盲结肠炎

一、疾病概要

急性出血性盲结肠炎，指马匹盲肠和大结肠尤其是下行大结肠的水肿、出血和坏死，又称“急性结肠炎”、“X 结肠炎”等其他很多种名称。以毫无征兆的突然起病、暴发性腹泻、高热休克体征，以及短急的病程经过等为特征。是一种发病非常急，病程非常短，病情非常严重的高度致死性疾病。病马一般在 24 小时乃至 5 小时内死亡，死亡率高达 70%以上，对马匹造成巨大威胁，应引起高度重视。

急性出血性盲结肠炎无传染性，多呈散发性，在我国主要发生于华北和东北地区。各年龄组马均可发生，但以 1~10 岁的青壮龄马居多。本病的发病原因尚无定论，一般认为与两个方面的影响有关：

1. 肠道菌群失调

马匹肠道在正常情况下寄居着大量细菌，这些细菌称为“肠道常在菌”，并不会导致马匹发病。这是因为这些常在细菌互相争夺有限的营养而互相抑制，没有哪种细菌可以占据优势而大量生长繁殖，处于动态平衡中。一旦这种平衡被打破——打破这种动态平衡的因素主要是应激因素，如气候骤变（突然降温、下雪、狂风等），饲料骤变（饲料组成成分改变、饲喂时间改变、饲喂顺序改变等），过度劳役（包括过度运动训练或比赛），极度兴奋（车船运输等情况），手术、妊娠、分娩、骨折、烧伤等，就会引起某一种或几种细菌大量生长繁殖，导致肠道菌群失调，发生严重感染，从而引发该疾病。

2. 滥用抗生素

所谓滥用抗生素是指超时、超量、不对症使用或未严格规范使用抗生素。在马匹疾病治疗与预防过程中，广泛存在大量滥用抗生素的情况，造成几个方面的危害而增加发生本病的风险：

首先，抗生素本身也具有一定的毒害作用，会损伤机体神经系统、血液系统以及消化系统等系统，降低机体抵抗力，增加发生各种疾病的风险，包括急性出血性盲结肠炎。

其次，抗生素杀死肠道敏感细菌后，导致其他不敏感细菌或耐药菌大量生长繁殖，形成新的感染，有可能导致本病的发生。

第三，抗生素长期大量使用，会使敏感细菌的耐药性增加。在肠道内绝大多数普通细菌被杀灭的同时，原先并不占优势的具有耐药性的致病菌却存留了下来，并大量繁殖造成肠道菌群失调而引发疾病。

综上所述，长期大量滥用抗生素是导致本病发生的重要因素，尤其是大量口服或注射土霉素、四环素等广谱抗菌素。

另外，饲养条件的突然改变，特别是饲喂过多的精料，引起肠道内环境改变，导致肠道菌群失调，也是发病的重要因素。

二、护理评估

本病发生非常突然，常常在没有任何征兆下发病。主要表现有以下几个方面：

1. 突然发病

在气候骤变（突然降温、下雪、狂风等），饲料骤变（饲料组成成分改变、饲喂时间改变、饲喂顺序改变等），过度劳役（包括过度运动训练或比赛），极度兴奋（车船运输等情况），手术、妊娠、分娩、骨折、烧伤等情况下；在马流感、马传贫等全身性感染或其他疾病的发病过程中；在应用土霉素或四环素等广谱抗生素之后，突然无明显预兆地发病。往往造成对疾病治疗措手不及。

2. 爆发性腹泻

表现为肠鸣音（主要为大肠音）亢进，呈金属性流水音。病马腹围下侧方增大，触诊腹壁可感到肠内贮留大量液体。腹泻严重，呈爆发性腹泻症状。粪便稀软不成形甚至呈水样腹泻。粪便放恶臭味或腥臭味，粪内常夹杂大量未消化的谷粒或混有血液、黏液或泡沫。但是，也有少量病马（约 10%）并不出现腹泻症状，大小肠音沉衰或停止，伴有程度不等的腹痛表现，个别病马甚至排粪滞迟而有腹胀。

3. 全身症状（高热休克体征）

全身症状明显，呈现高热休克体征。病马食欲废绝，口腔干燥、口色红紫或蓝紫（发绀），但是口臭不是很明显。精神高度沉郁，无精打采。肌肉震颤，特别是肩部肌肉震颤明显。全身或局部出汗，体温升高在 39℃～40℃左右，甚至达到 42℃。而皮温下降，呈现不一致变化，耳朵、鼻子及四肢发凉。

呼吸浅表，次数增加，每分钟达到 40～50 次左右。眼结膜等可视黏膜发绀，提示机体缺氧。脉搏次数增加，强度减弱，甚至不感于手，并伴有血压降低。

机体脱水严重，皮肤弹性降低，眼眶凹陷，尿量减少甚至无尿。并且脱水严重程度与腹泻严重程度不成正比，即使病初腹泻不是很严重的情况下，也会出现严重的脱水症状，说明机体脱水并不是单纯由腹泻引起的。

末期常出现明显的神经症状，表现为衰竭卧地不起、昏睡乃至昏迷，或肌肉震颤，扎齿、狂暴冲撞、无目的的奔走等。

4. 内脏出血症状

由于内毒素激活体内凝血过程和纤溶过程的各种酶类和因子，导致本病内脏器官广泛出血：盲肠及大结肠有散在或密发的出血斑点；胃和小肠黏膜除有淤血和少数点状出血外未见其他明显变化；肾上腺皮质部呈现灶状出血；脾脏大小正常，被膜见有点状出血；肝脏稍肿大或大小正常有点状出血；心内外膜散发点状或斑状出血，心肌脆弱，呈暗黄红色；肺胸膜散发点状出血，切面溢出暗红色不凝固血液。

三、护理措施

本病的基本护理与治疗原则是：控制感染、复容解痉、解除酸中毒、维护心肾功能。具体措施包括：

1. 抑菌消炎、控制感染

本病的根本病理特征是肠道炎症，因此抑菌消炎是治疗本病的根本环节，只有控制了肠道内的细菌增殖才能根本上缓解病情。为了控制肠道内革兰氏阴性菌的继续增殖并防止全身感染，应用链霉素内服，同时肌肉注射庆大霉素、多粘菌素或者氯霉素。

2. 复容解痉

本病最严重的后果是脱水等因素引起的机体休克，因此复容解痉：补充血容量、扩血管，从而改善微循环灌注，是抗休克治疗的核心。需要强调的是“复容”在前，即补充血容量在前，“解痉”在后，即在血容量补充的基础上，再进行扩血管治疗。

具体措施为：

（1）静脉输液，输液种类根据病程发展而有所不同。在疾病初、中期宜输注等渗盐水和低分子右旋糖酐注射液，继之5%的碳酸氢钠注射液，然后低分子右旋糖酐注射液，最后糖盐水并加入西地兰或地高辛等速效强心剂或肾上腺糖皮质激素滴注。输液速度应先快（500毫升液体在3分钟内输完）后慢，最后滴注。在病马经快速输液而开始排尿后，将20%的氯化钾液10~20毫升加入输液瓶中缓慢滴注。

（2）在补充血容量的基础上，再扩血管，以改善组织的微循环灌流量。常用的是2.5%的氯丙嗪注射液、0.5%的盐酸异丙肾上腺素注射液或1%的多巴胺注射液等。

3. 解除酸中毒

主要措施是补碱，即每次输注5%的碳酸氢钠液2000~3000毫升，6~8小时一次。以后则参照尿液pH值改变实施补碱，在尿液pH值达到7~8时，即停止补碱。

4. 维护心肾功能

（1）维护心功能的主要措施是应用强心药，如毒毛旋花子苷K、西地兰等高效速效强心注射液作静脉滴注。对心搏过快，特别是阵发性心动过速的病马，则在静注洋地黄的同时，肌注复方盐酸奎宁液20~40毫升，以减慢心率。需要强调的是，在本病恢复期由于心功能恢复比较缓慢，此时不能再用洋地黄类强心药。而应加强心肌营养，可以静脉滴注高渗（25%）葡萄糖溶液以营养心肌，促进心功能恢复。

（2）维护肾脏功能可内服双氢可尿噻或静注速尿等利尿剂。

5. 重建肠道微生物区系

在本病恢复期间，可通过将健康马的肠道内容物投入病马体内以重建病马肠道微生物区系，促进疾病恢复。具体措施是从健康马匹直肠采取宿粪2~3斤，加人工盐60~80克，常水5升，混合过滤后一次投服，每天一次，连用3天，效果良好。

第八章　呼吸系统常见疾病护理

第一节　马匹呼吸系统疾病常见病因及临床表现

一、呼吸系统疾病常见病因

呼吸系统疾病发生的因素比较复杂，往往是多种因素引起的，且是相互作用的结果。一般来说比较常见的因素有两大类，分别是环境因素和饲养管理因素。

（一）环境因素

环境因素包括三个方面：病原微生物、理化因素刺激、变应原（过敏原）

1. 病原微生物

引起马匹呼吸系统疾病的病原微生物种类较多，包括细菌、病毒、衣原体、支原体、真菌、蠕虫等。病原微生物导致马匹呼吸系统疾病主要有两种情况：

（1）呼吸系统与外界相通，正常情况下病原微生物会进入到呼吸系统，就寄居在马匹呼吸道内。但是，这些细菌由于受到机体免疫力的抑制，不能大量生长繁殖，因此，不会导致马匹发病。而只有在呼吸道受到损伤时，才侵入到损伤部位定居、增殖，继而对马匹致病；或机体抵抗力下降时，对细菌的抑制力下降。细菌趁机大量生长繁殖，致病力增强，导致马匹发病。

（2）外界环境中的细菌或病毒等病原微生物数量够多，致病力够强，直接侵入到马匹呼吸系统，导致呼吸系统发病。

2. 理化因素刺激

因为呼吸系统直接与外界相通，因此，环境中的物理或化学性因素对呼吸系统的影响很大。外界环境中的粉尘、烟雾、化学刺激剂等理化因素均易直接引起呼吸器官发病。

（1）粉尘。粉尘属于物理性因素。包括大气中的粉尘和给马匹上料时引起的粉尘。粉尘对马匹呼吸系统的影响，不仅在于粉尘能够携带病原微生物进入马匹体内，直接引起马匹感染；而且吸入过多的尘埃，会加重肺的负担，直接影响肺的消除功能，导致马匹肺部疾病。如在我国西北地区，马匹饲草中粉尘较多，吸入后刺激呼吸器官容易导致尘肺。

（2）烟雾。焚烧或饲养管理人员吸烟产生的各种烟雾均会刺激马匹呼吸道黏膜，引起刺激性咳嗽。同时又使这些黏膜变得十分干燥，并慢性充血。为了使呼吸道黏膜继续保持湿润、黏膜细胞代偿性地分泌过量的黏液，这些过量的黏液排出体外，就是平常的痰液。此外，烟雾中的有害微粒比空气中多5万倍，而且微粒中含有很多有害物质，它们可使纤毛中毒、受损，可使分泌的黏液发生凝固，从而使纤毛和黏液失去抵抗和保护的功能。于是，大量的毒物以及细菌均可乘虚而入，进入并停滞在支气管及肺泡里，这就可能引起呼吸道炎症。

(3) 过冷或过热的空气。马匹吸入过冷或过热的空气都会刺激呼吸道黏膜，使黏膜充血水肿，发生炎症病变，导致呼吸系统疾病。如发生火灾时，过热的空气吸入马匹呼吸系统后，会灼伤呼吸道黏膜，使黏膜充血水肿，发生急性炎症。

(4) 有害气体。马厩内的一些有害气体，包括氨气、氯气、二氧化硫等直接对马匹呼吸道造成毒害作用。例如，氨是一种碱性物质，进入机体后可以吸收组织中的水分，溶解度高，对上呼吸道有刺激和腐蚀作用，减弱机体对疾病的抵抗力。氨进入肺泡后易和血红蛋白结合破坏运氧功能。短期内吸入大量的氨可出现流泪、咽痛、声音嘶哑、咳嗽、头晕、恶心等症状，严重者会出现肺水肿或呼吸窘迫综合症，同时发生呼吸道刺激症状。长期接触二氧化硫的马匹一方面刺激上呼吸道引起支气管平滑肌反射性收缩，呼吸阻力增加，呼吸功能衰落，另一方面刺激和损失黏膜，使黏膜分泌增多变稠，纤毛运动受阻，免疫功能减弱，导致呼吸道抵抗力下降，诱发不同程度的炎症，如慢性鼻咽炎、慢性支气管炎、支气管哮喘和肺气肿等。因此，这些有害气体的增加，都能引起马匹呼吸系统疾病的发生。

(5) 人为操作不当。人为操作不当属于物理性因素。如胃管插管时，一般从鼻腔进入，如果操作人员动作不熟练或动作过大，动作粗暴，都会直接损伤呼吸道黏膜，导致呼吸道疾病。

(6) 变应原（过敏原）。变应原（过敏原）如花粉，真菌孢子等引起机体发生过敏反应，也会导致呼吸道黏膜发生过敏性炎症，从而发生呼吸系统疾病。

(二) 饲养管理

饲养管理不当是引起马匹呼吸道疾病的第二个方面的重要因素，包括以下方面：

1. 寒冷、贼风侵袭

寒冷常常是引起马匹尤其是幼驹腹泻和呼吸系统疾病的主要诱因，马厩应根据马匹状况保持适宜温度，特别是冬季昼夜温差不宜过大。还应防止贼风侵袭马厩导致马匹受寒感冒。

2. 通风换气不良

马厩应有良好的通风换气系统，将马匹代谢产物和粪、尿产生的有害气体及时排出，可以有效地减少呼吸系统疾病的发病。如果马厩通风换气不良，易造成缺氧和有害气体积聚。因有害气体刺激，马匹加快呼吸极易发生血管充血，诱发气管、支气管、肺的炎症。而且污浊的空气非常有利于细菌和病毒的生长繁殖，大大增加马匹呼吸系统被感染的几率。

另一方面，通风过大或局部漏风形成贼风容易导致马匹受寒感冒。

3. 营养不全面

饲养过程中，食物饲喂不合理，精料过多或不足都容易引起马匹营养不全面，抵抗力下降，导致发生各种疾病，包括呼吸系统疾病。

4. 卫生状况不良

马厩卫生状况不良，各种细菌、病毒大量生长繁殖，容易侵入机体导致包括呼吸系统在内的各种疾病发生。而且，马厩粪便、尿液不及时清理导致马厩内 CO_2，H_2S，NH_3 等有害气体浓度增高，这些有害气体容易引起马匹呼吸系统疾病的发生。

5. 其他

其他因素，如不同年龄段的马匹混群饲养、马匹长途运输等，均容易引起马匹呼吸道疾病。

（三）季节

马匹呼吸系统疾病在一年四季中均可发病，秋冬季节发病相对增多。因为，秋冬季节气温降低，马匹容易受凉而导致呼吸道感染。秋冬季一般寒冷干燥，鼻黏膜容易发生皲裂，病毒易于入侵而感染呼吸系统疾病。并且当马匹受凉时，呼吸道血管收缩，血液供应减少，局部抵抗力下降，也使病毒易侵入导致马匹发病。

（四）应激

所谓应激是机体在各种内外环境因素刺激时所出现的全身性非特异性适应反应。当天气突然变化如暴雨、大雪、大风等情况，或马匹本身状况发生突然改变如骨折、分娩、外伤等情况下，马匹出现应激表现，导致呼吸系统疾病发生。

（五）药物

指由于应用药物治疗其他疾病而产生的毒副作用引起呼吸系统疾病。药物引起的呼吸系统疾病包括通气功能的中枢性抑制、支气管哮喘、肺部炎性病变和肺血管改变等。

二、呼吸系统疾病常见临床表现

马匹呼吸器官疾病主要病变在气管、支气管及肺部，其主要症状包括流鼻液、咳嗽、呼吸困难、发绀和肺部听诊的啰音等。病变轻者多咳嗽、流鼻液，重者呼吸困难、缺氧，甚至呼吸衰竭而致死。

（一）流鼻液

临床上所谓的流鼻液是指马匹在病理状态下从鼻腔排出的异常分泌物。根据炎症的特性将鼻液分为浆液性、黏液性、脓性和腐败性四种。

（1）浆液性鼻液，呈水样，无色透明，急性上呼吸道感染（如鼻炎、喉炎、气管炎）和感冒的初期，马匹流浆液性鼻液。

（2）黏液性鼻液，粘稠呈线状，因含有脱落的上皮细胞和白细胞，呈灰白色，急性上呼吸道感染（如鼻炎、喉炎、气管炎）和感冒的中期，马匹流黏液性鼻液。

（3）脓性鼻液，粘稠似凝乳状，因化脓原因的不同而呈黄色、灰黄色或黄绿色，急性上呼吸道感染（如鼻炎、喉炎、气管炎）和感冒的晚期，马匹流黏液脓性或脓性鼻液。

（4）腐败性鼻液，污秽不洁，呈褐色或绿褐色，并带有腐败性臭味，是肺坏疽的重要特征。

另外，大叶性肺炎和马胸疫时，流铁锈色鼻液；窦腔积脓时，患侧流脓性鼻液，低头时流出更多。马匹肺充血和肺水肿时流出浅黄色或白色的细小泡沫状鼻液。

（二）咳嗽

咳嗽严格来说是机体的自我保护反应，因为，它的形成是由于呼吸道分泌物、病灶及外来因素刺激呼吸道和胸膜，通过神经反射，而使咳嗽呼吸中枢兴奋，发生咳嗽，并将呼吸道中的异物和分泌物咳出。其表现是一种强烈的呼气运动，气流猛烈冲开声门，形成一种爆发的声音，即为咳嗽。

1. 根据咳嗽性质不同一般分为干咳和湿咳

（1）干咳。咳嗽时没有痰液排出，声音清脆，干而短，提示呼吸道内没有液体渗出或仅有少量的粘稠液体。典型干咳见于马匹急性喉炎初期、慢性支气管炎等疾病中。

（2）湿咳。咳嗽时有多量痰液排出，声音钝浊，湿而长，提示呼吸道内有大量稀薄的液体，往往随咳嗽从鼻孔流出多量鼻液。见于马匹急性支气管炎、支气管肺炎和肺坏疽等病的中期。

2. 根据咳嗽频度差异一般分为稀咳、连咳和痉咳

（1）稀咳。咳嗽不连贯，单次咳嗽次数少，每次仅出现一两声咳嗽。但是，常反复发作而带有周期性，故又称周期性咳嗽。见于马匹感冒、慢性支气管炎等疾病中。

（2）连咳。咳嗽连续，单次咳嗽次数频繁，每次出现连续不断的咳嗽。见于马匹急性喉炎、支气管肺炎等疾病。

（3）痉咳。即痉挛性咳嗽，咳嗽具有突发性和暴发性，咳嗽次数多并呈持续性，单次咳嗽连续而持久。见于马匹呼吸道异物、慢性支气管炎等疾病。

3. 痛咳

咳嗽时伴随有疼痛，马匹表现咳嗽时头颈伸直，摇头不安，刨地呻吟。见于马匹呼吸道异物、急性喉炎、喉水肿等疾病。

4. 咳嗽的强度

咳嗽的强度与呼吸肌的收缩和肺的弹性成正比，马匹喉、气管患病时咳嗽声音强大而有力，表明肺组织弹性良好；细支气管和肺患病时咳嗽弱而无力，声音嘶哑，表明肺组织弹性降低。

（三）呼吸困难

呼吸困难是马匹呼吸系统的常见症状，是一种复杂的呼吸障碍，表现为气体的交换作用不完全。呼吸困难时呼吸运动加强，同时伴有呼吸频率改变和呼吸节律异常，以及呼吸肌以外的辅助呼吸肌有意识的活动，有时呼吸类型也发生改变。呼吸困难一般有三种情况：

1. 吸气性呼吸困难

特征为吸气困难、用力，吸气时间显著延长，辅助吸气肌参与活动，常伴有特异的吸入性狭窄音。病马吸气时鼻孔开张，头颈平伸，胸廓明显扩张，肘部外展，肛门内陷。常见于上呼吸道狭窄的疾病，如鼻腔狭窄、喉水肿、咽喉炎、马啼鸣症等。

2. 呼气性呼吸困难

特征为呼气发生困难，而呼气用力，呼气时间显著延长，辅助呼气肌（主要是腹肌）参与活动，腹部起伏动作明显，可出现连续二次呼气运动。高度呼吸困难时，沿肋弓出现一条较深的凹陷沟，称为喘沟，又称喘线或息劳沟。同时可见脊背弓曲，欣窝变平。由于腹部肌肉强力收缩，腹内压力加大，故呼气时肛门常突出，吸气时肛门反而下陷，称为肛门抽缩运动。呼气性呼吸困难，主要是由于肺泡弹性减退和细支气管狭窄，肺泡内空气排出困难所致。见于急性细支气管炎、慢性肺气肿、胸膜肺炎等疾病中。

3. **混合性呼吸困难**

特征为吸气和呼气均发生困难，常伴有呼吸次数增加，是临床上最常见的一种呼吸困难。往往由于肺的呼吸面积减少，气体交换不全，致使血中二氧化碳浓度增高而氧缺乏，引起呼吸中枢兴奋的结果。见于广泛性肺部疾病以及马鼻疽、各种类型贫血和马传染性贫血、心内膜炎、心肌炎、创伤性心包炎和心力衰竭、脑膜炎、脑出血、脑肿瘤等各种疾病中。

（四）发绀

发绀指可视黏膜呈蓝紫色或青紫色，又称为紫绀。发绀是机体缺氧的典型表现，当动脉血氧饱和度低于90%时，马匹可视黏膜（眼结膜、舌黏膜以及口黏膜等）出现发绀。

（五）啰音

啰音是呼吸音以外的附加音响，是很重要的病理性呼吸音，按其性质可分为干啰音和湿啰音。

1. **干啰音**

是一种持续时间长带乐性的呼吸附加音，音调较高，类似笛音、口哨声、飞箭音等。是支气管中的分泌物比较黏稠，呈块状、线状或膜样并黏着在管壁上，当气流经过时产生震动而发生，或由于支气管黏膜肿胀和支气管痉挛，引起支气管内径狭窄时气流通过也可产生干啰音。干啰音在呼气和吸气时均可听到，但以呼气时最明显，有时强大的干啰音不用听诊器也可听到，并能感觉到胸壁的震动。临床上最常见于慢性支气管炎，也可见于支气管肺炎、肺结核等。

2. **湿啰音**

是一种断续而短暂，一次常连续多个出现，性质近似细管向水中吹入空气的声音，如呼噜声、沸水声或含漱音等。是由于支气管内存在稀薄的分泌物，呼吸时因气流引起液体移动或水泡破裂而产生的一种声音。湿啰音部位比较恒定，性质不易变，吸气与呼气时均可听到，但以吸气末尾最为明显。湿啰音是支气管疾病最常见的症状，亦为肺部许多疾病的症状之一，常见于急性支气管炎、肺炎、肺水肿、肺脓肿、肺结核等。

第二节　鼻炎

一、疾病概要

鼻炎又称为“鼻卡他”，是鼻腔黏膜表层的充血水肿而引起以流鼻液和打喷嚏为特征的急、慢性炎症。鼻炎发病率较高，主要跟以下因素有关：

（一）病毒感染

病毒感染是导致鼻炎的最常见原因，已知有100多种病毒可引起本病，最常见的是鼻病毒，其次是流感和副流感病毒、腺病毒、冠状病毒、柯萨奇病毒及黏液和副黏液病毒等。病毒传播方式主要是经过呼吸道吸入，其次是通过被污染物体或食物进入机体。

（二）机械性刺激

吸入异物，直接刺激鼻黏膜，以及粗暴地经鼻投药或鼻腔检查损伤鼻黏膜导致鼻腔黏膜发炎。

（三）天气突变

鼻炎的发生与天气因素有一定关系，天气突然发生较大变化时，无论是骤凉还是骤热均易使马匹鼻黏膜受到刺激而引起鼻炎。

（四）环境污染

工业及交通发展导致环境污染特别是大气污染加剧，空气中的有害物质直接刺激鼻腔黏膜而成为引起鼻炎高发病率的主要因素。

（五）邻近器官炎症

鼻子邻近器官炎症如咽炎、喉炎等炎症可扩散到鼻腔而引起鼻炎。

（六）全身因素

许多全身慢性病如贫血、结核、心肝肾疾病及内分泌病变均可使机体抵抗力降低，鼻黏膜血液循环障碍而引发鼻炎。

（七）抗原物质

能引起马匹鼻黏膜敏感性增高，易发生炎症反应。主要的抗原物质包括以下两种：

1. 花粉

一些花粉量大、植被面积广、变应原性强，并借助风来传播的花粉才最有可能成为变应原。由于植被品种的差异，不同地区具有变应原性的花粉也不同。不同品种马匹对不同种类的花粉过敏。

2. 真菌

广泛存在于自然界中，尤其常见于土壤和腐败的有机物中。其菌丝和孢子皆具有变应原性，但以孢子较强。

二、护理评估

鼻炎按病程长短分为急性鼻炎和慢性鼻炎，其临床表现有所不同。

（一）急性鼻炎

发病较急，病程较短，一般经过 7~14 天可逐渐好转。因鼻黏膜受到刺激病马表现摇头，摩擦鼻部，鼻黏膜充血、肿胀，敏感性增高。主要表现打喷嚏，流鼻液。鼻液初期为浆液性，随后转为黏液性，在疾病后期变为脓性，并且鼻液量逐渐减少变干，最后消失。马匹全身症状轻微，体温、呼吸、脉搏及食欲一般无明显变化。

（二）慢性鼻炎

慢性鼻炎发病缓慢，病程较长，更常见。多由急性鼻炎反复发作或治疗不彻底而演变成慢性鼻炎。慢性鼻炎为鼻腔黏膜和黏膜下层的慢性炎症，病程一般在一个月以上。临床表现时轻时重，有的鼻黏膜肿胀、肥厚、凹凸不平，严重者有糜烂、溃疡或瘢痕。

马匹表现为打喷嚏，鼻塞，流鼻液。鼻液量较少，且较黏稠。因鼻腔发痒马常摇头，甚至在地面擦鼻或在其他物体上摩擦。严重者两侧鼻孔完全堵塞，表现出呼吸困难，甚至张口呼吸。

三、护理措施

鼻炎是一种常见病、多发病，对马匹造成一定的困扰，影响其休息与运动，因此需加强护理。对于鼻炎的护理主要应在以下几个方面：

第一，保持马房或马厩的通风换气并注意保温，以保证空气的温暖、湿润和新鲜，避免过分寒冷、干燥或污浊的空气使马匹鼻子的排尘运动受到限制，甚至造成纤毛脱落、抗菌能力降低，导致鼻炎等疾病发生。

第二，应当尽量避免灰尘、有害化学气体或特殊气味的刺激。因为过多的不良刺激可以影响马匹鼻黏膜的功能，使嗅觉出现障碍，也容易导致鼻炎等疾病。同时，尽量避免接触某些花粉、真菌等抗原物质。

第三，对于鼻炎较严重的马匹可以用温生理盐水，或1%的碳酸氢钠溶液，或0.1%的高锰酸钾溶液，每日冲洗鼻腔1~2次。冲洗后鼻腔涂以青霉素或磺胺软膏，也可向鼻腔内撒入青霉素或磺胺类粉剂，起到杀灭鼻腔内细菌，促进炎症消除的作用。

第四，如果鼻腔黏膜充血肿胀严重，堵塞鼻腔，甚至引起呼吸困难，可以用可卡因0.1克，和1:1000的肾上腺素溶液1毫升，加蒸馏水20毫升 混合后滴鼻，每日2~3次，起到收缩鼻腔毛细血管，缓解充血肿胀的作用。但这类血管收缩药只能暂时解除鼻黏膜的充血状况，容易复发。因此，不宜长期大量使用。需要强调的是，严禁用滴鼻净，因其已被证实可引起药物性鼻炎。

第五，如果还伴有明显的全身症状，如体温升高等，应及时用抗生素或磺胺类药物进行注射或输液治疗，最常用的抗生素为青霉素。

第六，对于慢性细菌性鼻炎，治疗起来比较困难。可以采用药敏实验，找到敏感细菌，用有效的抗生素治疗3~6周。对慢性霉菌性鼻炎应根据真菌病原体的鉴定结果，用抗真菌药物进行治疗。可以达到比较好的效果。

第三节　喉炎

一、疾病概要

喉炎是喉头黏膜表层的卡他性炎症，引起喉部黏膜充血水肿，表现以剧烈咳嗽和喉头敏感为特征。马匹喉炎主要由以下因素引起：

1. 受寒感冒

机体受寒感冒引起的上呼吸道感染导致喉炎发生。如马匹寒夜露宿，运动后淋雨，运动后全身冲凉，或洗马后水分没有充分擦干就让马匹立即进入马厩等情况，都会导致马匹受寒感冒，引起喉炎。这是喉炎发生的首要因素。

2. 理化因素刺激

马匹吸入过多尘埃、烟雾或刺激性气体及异物等，均可直接刺激马匹喉部黏膜，引起喉部黏膜充血肿胀，导致喉炎。

3. 人为因素刺激

人为操作不当，如插入胃管或插管麻醉时，因技术不熟练而损伤喉部黏膜可引起喉头水肿，导致喉炎。

4. 用声过度

马匹受到惊吓，或激动兴奋而过度嘶叫，可引起喉部黏膜充血水肿，导致喉炎。

5. 继发感染

邻近组织器官的炎症蔓延到喉部，使喉部被动感染，如鼻炎、咽炎、气管炎等邻近器官炎症向喉部蔓延导致喉炎发生。某些全身性疾病如马腺疫、马传染性支气管炎等也可导致喉部发炎。

二、护理评估

喉炎主要有以下几个方面的表现：

1. 咳嗽

喉炎的主要表现为剧烈的咳嗽，并且咳嗽呈现先干后湿的变化。在疾病初期，咳嗽主要表现是“干咳”，即咳嗽时没有或者很少的痰液。声音短促强大，咳嗽时伴有明显的疼痛，马匹头颈伸直，表情痛苦。随后转为“湿咳”，即咳嗽时有大量痰液排出体外，“湿咳”阶段持续时间较长。喉部出现疼痛表现，触诊喉部，病马表现敏感、疼痛，肿胀，发热，可引起强烈的咳嗽。因此，马匹常常拒绝或抗拒护理人员触摸其喉部。

2. 流鼻液

马匹可能流浆液性、黏液性或黏液脓性的鼻液。疾病初期流浆液性鼻液，随后转为黏液性鼻液，最后成为脓性鼻液，并且鼻液量逐渐减少。同时，伴随下颌淋巴结肿大。

3. 全身症状

体温明显升高，有时甚至达到40℃以上；呼吸频率减慢而脉搏次数增加。喉部黏膜充血水肿导致马匹出现呼吸困难的表现，特别是呈现吸气性呼吸困难；机体缺氧，可视黏膜发绀，特别是眼结膜发绀症状明显。

三、护理措施

对于喉炎的护理主要在于以下方面：

1. 防止马匹受寒感冒

避免马匹寒夜露宿，禁止马匹运动后全身冲凉，洗马后应充分擦干马匹身上的水分，并且在阳光下晒干，才能让马匹进入马厩休息。

2. 避免理化因素刺激

避免马匹吸入过多尘埃、烟雾或刺激性气体及异物等情况。

3. 避免人为因素刺激

插入胃管或插管麻醉时，技术应熟练，动作应轻柔，防止人为因素损伤喉部黏膜。

4. 防止继发因素感染

积极治疗邻近组织器官的炎症或全身性疾病，防止向喉部蔓延。

5. 加强饲养管理

将马匹置于通风良好和温暖的马厩，让马匹安静休息，多喂给清洁饮水，并供给优质松软或流质的食物，以提高马匹抵抗力。

6. 药物治疗与护理

用药物缓解马匹喉部疼痛，可用0.25%的普鲁卡因20~30ml，青霉素40万~100万IU混合，每日2次进行喉头周围封闭，以缓解喉部疼痛。马匹咳嗽频繁时，特别是咳嗽时伴有痰液，应及时内服祛痰镇咳药，一般用氯化铵15克，加杏仁水35毫升，远志酊30毫升，温水500毫升，一次内服。

第四节 急性支气管炎

一、疾病概要

急性支气管炎是一种常见的呼吸疾病，是由于各种因素，包括生物性（如细菌、病毒等）和非生物性（机械性刺激和化学性刺激）因素引起的支气管黏膜表层或深层的急性炎症。常继发于上呼吸道感染（俗称“感冒”）之后，也常为肺炎的早期表现。发生急性支气管炎的原因主要有以下几个方面：

1. 感染因素

这是引起急性支气管炎最主要的因素。导致支气管感染的病原体主要是细菌和病毒，以及支原体、衣原体等。感染方式包括三种情况：

（1）各种原因如受凉等导致机体抵抗力下降，外界环境中的致病菌或病毒直接侵入机体支气管引起支气管发炎。

外界环境中的致病菌主要有：肺炎球菌、链球菌、葡萄球菌等；病毒主要有流感病毒等。其中，病毒是引发急性支气管炎的主要病原体。通常情况下，如果不对患马采取有效的护理干预措施，患马容易出现继发性的细菌感染。所以，护理干预在马匹急性支气管炎治疗中有着重要的作用。

（2）条件致病菌感染。正常情况下，寄居在机体支气管内的细菌如肺炎球菌、巴氏杆菌、链球菌、葡萄球菌、化脓杆菌、霉菌孢子、副伤寒杆菌等由于受到机体免疫功能的抑制，是不会引起机体发病的，这类细菌称为条件致病菌。当机体受寒感冒，或因过度劳累、营养不良等因素导致抵抗力下降时，这些细菌就会乘机大量生长繁殖，引起支气管发炎。

（3）炎症蔓延。邻近组织器官的细菌和病毒感染蔓延到支气管，如上呼吸道的感染蔓延到支气管导致支气管感染发炎。

2. 理化因素

主要指各种刺激因素对支气管黏膜的刺激和损伤引起支气管黏膜发炎。包括过冷的空气，火灾时产生的闷热气体，粉尘，刺激性气体或烟雾如氨气、氯气等因素。以及口服药物时，误吞入气管，药物刺激支气管黏膜，发生急性支气管炎。

3. **过敏因素**

马匹吸入花粉、有机粉尘、真菌孢子等致敏物，以及在肺内移行的钩虫、蛔虫的幼虫引起支气管黏膜炎症。

4. **继发因素**

由于马匹全身或局部的炎症蔓延到支气管，导致支气管黏膜发炎，该病常继发于上呼吸道感染（俗称“感冒”）之后。

5. **诱发因素**

由于马房卫生条件差、通风不良、闷热潮湿以及饲料营养不平衡、马匹营养不良、过度劳累等，均导致马匹抵抗力下降，成为支气管炎发生的诱因。

二、护理评估

急性支气管炎发病较急，病程较短，其主要表现为：

1. **咳嗽**

本病以咳嗽为主要症状。咳嗽的特点为“先干后湿”的咳嗽，即发病初期表现为干咳，也就是咳嗽时没有痰液排出；随着病情发展一般是 3~4 天后很快转变为湿咳，也就是咳嗽时有多量的痰液排出。这是由于在疾病初期马匹支气管黏膜以充血肿胀为主要病理改变，随着病情发展，支气管黏膜出现大量炎性渗出，导致患马支气管的分泌物增加，形成痰液排出体外。马匹咳嗽可延续 2~3 周才消失，如迁延不愈，可演变成慢性支气管炎。

2. **流鼻液**

本病有流鼻液的表现。疾病初期流浆液性鼻液，也就是水样的鼻液；随着病情的发展变为浆黏性或黏液脓性鼻液；最后发展为脓性鼻液。并且，在咳嗽后鼻液量会明显增多。

3. **啰音**

听诊马匹胸肺部有干湿性啰音出现。

4. **全身症状**

如果没有其他并发症出现，本病全身症状较轻。体温正常或稍微升高 0.5℃~1℃，一般持续 2~3 天后下降。如果体温出现剧烈升高，表明马匹合并感染其他疾病，如肺炎等。呼吸和脉搏也仅仅稍微增加。

三、护理措施

（一）要注意天气的变化，防止受寒感冒

气温降低时，要及时给马匹穿上马衣；晚上不能将马匹放在露天地方过夜；剧烈运动后不能立即给马匹冲洗，也不能让马匹立即大量饮用冷水。

（二）注意补充营养，提高机体抵抗力

给马匹喂饲营养丰富的饲料，并多补充清洁饮水，以补充营养，提高机体抵抗力。

（三）加强锻炼

让患马做适当的锻炼，尤其是耐寒锻炼，以及加强运动。这样能使护理效果得到有效的提升。同时，避免运动锻炼过量导致过度疲劳，引起抵抗力下降，导致急性支气管炎。

（四）避免机械和化学因素刺激

避免机械和化学因素对马匹呼吸道的刺激，以保护呼吸道的防御功能。

（五）祛痰止咳

当马匹痰液非常黏稠而不易咳出时，可使用溶解性祛痰剂，如内服氯化铵可以很好地促进痰液的排出；当马匹只是单纯的剧烈疼痛性咳嗽时可以使用止咳剂，如磷酸可待因或复方甘草合剂、复方樟脑酊等。需要强调的是，祛痰剂和止咳剂的使用指针不能搞反，否则会加重病情。

（六）抑菌消炎

使用消炎药物进行抑菌消炎处理，如应用磺胺类药或抗生素进行全身治疗。局部配合治疗可向马匹气管内注入抗生素，以局部杀菌消炎。如青霉素或链霉素溶于1%的普鲁卡因注射液内，缓慢注入气管内。每日1次，连用3~6次为1疗程，可以获得良好的效果。

（七）必要时抗过敏

急性支气管炎的发病因素中有可能是过敏导致。所以，在其治疗与护理过程中，可以采用一溴樟脑粉和普鲁卡因等具有较强的抗过敏作用的药物，能提高其他药物治疗急性支气管炎的疗效。

第五节　慢性支气管炎

一、疾病概要

慢性支气管炎是感染或非感染因素引起的马匹气管、支气管黏膜及其周围组织的慢性非特异性炎症。早期症状轻微，多在冬季发作，春暖后缓解；晚期炎症加重，症状长年存在，不分季节。导致慢性支气管炎的原因主要有以下几个方面：

1. 继发于急性支气管炎

本病最常见的原因是由急性支气管炎发展而来。

（1）急性支气管炎的致病因素如：感染因素、理化因素、过敏因素等没有消除，反复作用于马匹，使马匹气管、支气管黏膜反复受到刺激发生慢性病变，引起慢性支气管炎。

（2）急性支气管炎没有及时治疗或没有彻底治愈，导致病情迁延，病程延长，发展成为慢性支气管炎。

（3）急性支气管炎护理不当，如在发病期间饲养不当或使役不当导致病情迁延，发展成为慢性支气管炎。

2. 年龄因素

老龄马由于呼吸道局部及全身抵抗力下降，容易发生慢性支气管炎。

3. 继发因素

慢性支气管炎可由心脏瓣膜病、慢性肺脏疾病（如鼻疽、结核、肺蠕虫病、肺气肿等）或肾炎等继发引起。

4. **气候因素**

寒冷常为慢性支气管炎发作的重要原因和诱因。慢性支气管炎发病及急性加重常见于冬天寒冷的季节，尤其是在气候突然变化时。寒冷空气刺激呼吸道，除减弱上呼吸道黏膜的防御功能外，还能通过反射引起支气管平滑肌收缩、黏膜血液循环障碍和分泌物排出困难等，有利于继发感染。

二、护理评估

（一）咳嗽

慢性支气管炎最主要的症状为咳嗽，其咳嗽的特点表现为：

（1）长期顽固性咳嗽：咳嗽持续时间很长，不容易消除，可拖延数月甚至数年。

（2）以干咳为主：多为无痛干咳，痰量较少，有时混有少量血液。如果是急性发作期，并有细菌感染时则会咳出大量痰液。

（3）咳嗽发作有一定规律性，一般在早晚天气较凉时、剧烈运动时以及进食时常常出现剧烈咳嗽。

（二）鼻液

鼻液量较少而黏稠。

（三）啰音

肺部听诊，初期可听到湿啰音，后期则变为干啰音。

（四）全身症状

全身症状不明显，体温无明显变化。慢性支气管炎晚期，由于发生支气管周围炎和并发肺气肿，可长期呈现呼吸困难。

三、护理措施

慢性支气管炎的护理与急性支气管炎的护理大致相同，主要做好以下方面：

第一，消除及避免烟雾、粉尘和刺激性气体的吸入。

第二，让马匹生活在空气清新、适宜温湿度、阳光充足的环境中，注意防寒避暑，安静休息。

第三，提供给马匹足够的热量、蛋白质、维生素和水分，增强食欲，增加马匹抵抗力。

第四，加强锻炼：让患马做适当的锻炼尤其是耐寒锻炼以及加强运动，这样能使护理效果得到有效的提升。同时，避免运动锻炼过量导致过度疲劳。

第五，祛痰止咳：当马匹痰液非常黏稠而不易咳出时，可使用溶解性祛痰剂，如内服氯化铵可以很好地促进痰液的排出；当马匹只是单纯的剧烈疼痛性咳嗽时可以使用止咳剂，如磷酸可待因或复方甘草合剂、复方樟脑酊等。

第六，防治感染：使用消炎药物进行抑菌消炎处理，如应用磺胺类药或抗生素进行全身治疗，控制感染。局部配合治疗，可向马匹气管内注入抗生素如青霉素。

第六节　大叶性肺炎

一、疾病概要

大叶性肺炎是肺脏的一个大叶，甚至一侧肺脏或全部肺脏的急性炎症过程，以肺泡内弥漫性纤维素渗出为主要病理特征。所以，大叶性肺炎又称为“纤维素性肺炎”。引起大叶性肺炎的原因还不完全清楚，可能包括以下四个方面：

1. 感染因素

细菌感染，主要由肺炎双球菌所引起，因此，大叶性肺炎又称为“肺炎球菌肺炎”。此外，巴氏杆菌及链球菌也起着重要作用。当机体受寒感冒、过度疲劳、营养不良等因素引起抵抗力下降时，这些细菌直接侵入肺泡，导致肺泡发炎，并迅速波及到整个或多个大叶，甚至一侧肺脏或全部肺脏。

2. 非感染因素

为一种变态反应性疾病，同时具有过敏性炎症。炎症在预先致敏的机体中或致敏的肺组织中发生。如毒性较弱的一些肺炎球菌可长期存在于上呼吸道，使机体对该菌处于致敏状态，当机体抵抗力下降时，该细菌导致肺部发炎。

3. 诱发因素

机体受寒感冒、淋雨、过度疲劳、营养不良、环境卫生不良、吸入刺激性气体、长途运输等都易诱发大叶性肺炎。

4. 继发因素

大叶性肺炎常继发于马腺疫、流行性支气管炎、血斑病等全身性疾病。

二、护理评估

大叶性肺炎常见症状主要包括以下方面：

1. 稽留高热

起病急骤，发病后，马匹体温迅速升高至40℃～41℃以上，呈稽留热型，持续6至9天后渐退或骤退至常温。如合并其他疾病时，则呈不定热型。

2. 流铁锈色鼻液

这是大叶性肺炎最突出的症状。疾病初期，马匹流浆液性、黏液性或黏液脓性鼻液，在肝变期（症状明显期）鼻孔中流出铁锈色或黄红色的鼻液。主要是渗出物中的红细胞被巨噬细胞吞噬，崩解后形成含铁血黄素混入鼻液形成。

3. 肺部出现广泛浊音区

大叶性肺炎肝变期（症状明显期），由于细支气管和肺泡内充满炎性渗出物，肺泡内空气逐渐减少，肺部叩诊时呈大片半浊音或浊音，可持续3~5天。

4. 脉搏增加

脉搏增加与体温升高不成比例，这也是大叶性肺炎早期突出特征。发病初期体温升高1℃，脉搏增加10～15次/min，继续升高2℃～3℃时，脉搏则不再增加，此常作为早期识别本病的特点之一。最终脉搏可达100~120次/min，表明病情非常严重，后期脉搏逐渐变小而弱。

5. 呼吸迫促

呼吸频率显著增加，达到60次/min以上，为正常情况的5倍左右。严重时呈混合性呼吸困难，鼻孔开张，呼出气体温度较高。

6. 先干后湿的咳嗽

发病初期出现短而干的痛咳，没有痰液或痰液很少；溶解期（恢复期）则变为湿咳，咳出大量痰液。

7. 全身症状

马匹精神沉郁，食欲减退或废绝。马匹常常因呼吸困难而采取站立姿势，并发出呻吟或磨牙。在肝变期尿量减少，尿比重增加；溶解期尿量增多，尿比重下降。

三、护理措施

护理原则为抗菌消炎，控制继发感染，制止渗出和促进炎性产物吸收。

第一，将病马置于通风良好、清洁卫生的环境中，安静休息。但是要避免受到直接吹风，以免受凉。环境保持整齐、清洁、安静和舒适。

第二，早期应用足量、有效的抗感染药物，如土霉素或四环素等广谱抗生素，或磺胺类药物。

第三，高热时，首选物理降温，可用热水袋加入冷水冷敷前额，或用40℃温水将酒精稀释为40%~50%的浓度来擦拭腋下、腹股沟、腘窝等大血管走行处。每个部位擦拭10分钟左右，稍用力至局部皮肤潮红，待半小时后测试体温。效果不佳时，可改用药物降温，如解热镇痛药：复方氨基比林、安痛定注射液等。用药剂量不宜太大，以免因出汗过多体温骤降引起虚脱。大量出汗时应及时用干燥毛巾擦干，保持被毛皮肤清洁干燥。

第四，及时补充营养和水分。给予病马高热量、易消化的流质或半流质饮食以补充营养；病马应多给予饮水以稀释呼吸道黏液及分泌物。

第五，制止渗出和促进吸收。制止渗出可静脉注射10%氯化钙或葡萄糖酸钙溶液。促进炎性渗出物吸收可用利尿剂如速尿等。

第六，剧烈咳嗽时，可选用祛痰止咳药。痰液非常黏稠而不易咳出时，可使用溶解性祛痰剂，如内服氯化铵可以很好地促进痰液的排出；单纯的剧烈疼痛性咳嗽时可以使用止咳剂，如磷酸可待因或复方甘草合剂、复方樟脑酊等。

第七，严重的呼吸困难可输入氧气。严重呼吸困难时给予氧气吸入，以提高血氧饱和度，纠正缺氧，改善呼吸。输入氧气时要注意氧气的湿化，防止呼吸道黏膜干燥。

第八。心力衰竭时用强心剂。大叶性肺炎发生心力衰竭时应立即使用强心剂如西地兰、地高辛等，增强心肌收缩力，防止发生心衰。

第七节　肺充血和肺水肿

一、疾病概要

肺充血和肺水肿是同一个疾病的两个发展阶段。疾病初期以肺部毛细血管充血肿胀为主要表现，称为肺充血阶段；疾病后期以大量液体集聚肺泡为主要表现，称为肺水肿阶段。肺充血阶段主要症状是呼吸困难；肺水肿阶段主要症状是咳出大量细小泡沫状鼻液。由于肺水肿是肺充血发展而来的，因此本病主要分析肺充血的病因。肺充血分为主动性肺充血和被动性肺充血。

（一）主动性肺充血

主动性肺充血是流入肺内的血流量增多，流出量亦增多，导致肺毛细血管过度充满。主要见于：

1. 过度劳累

马匹在炎热的天气下过度使役或奔跑，会导致血液循环加速，回心血量增大。因此，通过肺循环进入肺部的血液量增加，导致肺毛细血管过度充满，发生肺充血。

2. 过度拥挤

马匹在长时间运输过程中，因车厢狭小，马匹数量过多，过度拥挤和闷热，也会导致血液循环加速，回心血量增大。通过肺循环进入肺部的血液量增加，导致肺毛细血管过度充满，发生肺充血。

3. 刺激反应

马匹吸入热空气、烟雾或刺激性气体及发生过敏反应时，均可使血管迟缓，导致血液流入量增多，从而发生主动性充血和炎症性充血。

4. 继发因素

在其他疾病过程中，也会继发肺充血。如肺炎初期及中暑过程中，都会发生肺充血。马匹长期躺卧，也会导致血液沉积于一侧肺部，引起肺充血。

（二）被动性肺充血

被动性肺充血是肺的血液流出量减少，而流入量正常或增加，引起肺的淤血性充血。主要见于：

1. 心脏衰竭

心脏衰竭时，心搏出量减少，血液大量集聚在心脏，左心室淤血，引起左心房淤血，最终导致肺静脉流向左心房的血液量减少，血液大量淤积在肺毛细血管，发生肺充血。

2. 胃肠臌气

胃肠臌气时，由于胃肠体积增大，挤压马匹胸腔空间，引起胸腔内负压减低和大静脉管受压迫，导致肺内血液流出发生困难，引起淤血性肺充血。

二、护理评估

肺充血和肺水肿是同一个疾病的两个发展阶段，其表现也分为两个阶段。

（一）肺充血阶段

1. 主要表现为呼吸困难

马匹初期呼吸频率加快，呼吸迫促，很快发展为呼吸困难，出现头颈伸直，鼻孔高度开张的表现。甚至张口呼吸，并且胸部和腹部表现明显的起伏动作。更加严重的呼吸困难时，马匹两前肢叉开站立，肘突外展，头下垂。

2. 可视黏膜发绀

由于呼吸困难，引起机体缺氧，导致马匹眼结膜等可视黏膜发绀。

3. 脉搏增快

肺充血马匹脉搏显著加快，达到每分钟100次左右。

4. 体温升高

肺充血马匹体温可达40摄氏度以上，表示病情严重。

（二）肺水肿阶段

1. 流鼻液

流鼻液是肺水肿阶段最显著的症状，也是区别肺充血与肺水肿阶段的标志。其表现为，马匹两侧鼻孔流出大量浅黄色或白色甚至粉红色的细小泡沫状鼻液。

2. 湿啰音

由于肺部大量积水，肺部听诊时可以听到明显的湿啰音。同时，肺泡呼吸音减弱，出现广泛性的捻发音、支气管呼吸音等。

3. 由于肺部大量积水，肺部叩诊出现半浊音或浊音

三、护理措施

肺充血和肺水肿的护理原则为保持病马安静，减轻心脏负荷，制止液体渗出，缓解呼吸困难。具体护理措施主要包括以下方面：

1. 保持病马安静

将病马安置在安静，并且清洁、干燥和凉爽的环境中，避免运动和外界因素的刺激，防止血液循环加快，加重肺充血和肺水肿病情。

2. 减轻心脏负荷

可以采用颈静脉放血的方法，一般是左侧颈静脉放血2000~3000ml。通过颈静脉放血使血容量减少，回心血量下降，从而减轻心脏负荷。

3. 制止液体渗出

肺充血时间长了后，就会出现液体渗出。为了减少或制止液体渗出，护理的方法主要是静脉注射10%的氯化钙溶液或20%的葡萄糖酸钙溶液。因为钙制剂有较强的刺激性，因此在静脉注射钙制剂时要注意：一方面输液速度不能太快，因为钙离子对心脏有较强刺激性，速度太快容易导致心脏骤停；另一方面静脉注射钙制剂时，操作时要注意，防止药液渗漏到血管外，刺激静脉血管，导致静脉炎。

4. 缓解呼吸困难

对极度呼吸困难的病马可以采用颈静脉放血的方法。通过颈静脉放血，以降低肺中血压，使肺毛细血管充血减轻，增加进入肺部的空气，从而缓解呼吸困难。

第九章　血液及循环系统常见疾病护理

第一节　心力衰竭

一、疾病概要

心力衰竭简称“心衰”，又称心脏衰弱、心功能不全。是因心肌收缩力减弱或衰竭，引起外周静脉过度充盈，使心脏排血量减少，动脉压降低，静脉回流受阻等引起的呼吸困难，皮下水肿、发绀，甚至心搏骤停和突然死亡的一种全身血液循环障碍综合征。心力衰竭按病程可以分为急性心力衰竭和慢性心力衰竭。

引起急性心力衰竭的原因主要有以下几个方面：

1. **压力负荷过重**

又称后负荷过重，是指心脏在收缩时所承受的阻抗负荷增加。由于压力负荷过重所引起的心力衰竭主要发生于使役不当或过重的使役马。如超重超速挽曳、长途疾跑等，尤其是饱食，长期休闲的马匹突然进行重剧劳役或剧烈运动。在这些情况下各组织器官需血量和静脉血液回流量都急剧增多。心脏为了排出更多的血液，以适应各组织器官的需要，必须加强收缩，因而容易促进心脏储备力过多地消耗，发生急性心力衰竭。

2. **容量负荷过重**

又称前负荷过重，是指心脏舒张期所承受的容量负荷过大。指血管内血液容量突然增大，超出心脏的负荷能力，导致心力衰竭。血液容量突然增大的情况往往是在治疗过程中，静脉输液短时间内输入大量液体，超过心脏的最大负荷量，或者短时间内暴饮大量饮水，也会使血容量突然增加，如果超过心脏的最大负荷量，就会导致急性心力衰竭。

3. **心肌突然受剧烈刺激**

马匹受到雷击，电击，或者向静脉过快地注射对心肌有较强刺激性药液，如钙制剂或砷制剂等都会使心肌受到剧烈刺激，发生急性心力衰竭。

4. **继发性急性心力衰竭**

马传染性胸膜肺炎、弓形虫病、血孢子虫病、急性马传染性贫血、胃肠炎、日射病以及毒物中毒等经过中，毒素经常侵害心肌、使心肌细胞变性，往往继发急性心力衰竭。

慢性心力衰竭又称为充血性心力衰竭，主要病因包括以下方面：

1. **长期重剧使役**

长期重剧使役时，由于心肌储备力持续过多地消耗，以及心腔内长期淤血，心肌受持续性牵张，如果心肌伸长超过一定的限度，则心肌收缩力逐渐减弱，容易引起慢性心力衰竭。

2. 心脏本身的疾病

如心包炎、心肌炎、心肌变性、心脏扩张和肥大、心瓣膜病如三尖瓣闭锁不全、肺动脉口狭窄、二尖瓣闭锁不全等、先天性心脏缺陷等。

3. 中毒疾病

如棉籽饼中毒、霉败饲料中毒、含强心苷的植物中毒、呋喃唑酮中毒等。

4. 其他疾病

如甲状腺机能亢进、幼畜白肌病、慢性肺泡气肿、慢性肾炎等。

二、护理评估

（一）急性心力衰竭的主要表现

（1）发病初期，病马精神沉郁，无精打采，食欲不振甚至废绝。这是由于马匹大脑缺血导致精神抑郁，无精打采；马匹胃肠缺血导致消化不良，引起食欲下降甚至废绝。

（2）病马不耐使役，容易疲劳、出汗。这是由于机体血液供应不足引起骨骼肌缺血，导致肌肉收缩能力下降，使马匹不耐使役，容易疲劳。

（3）呼吸频率明显加快，可视黏膜发绀。这是由于急性心力衰竭继发肺充血引起呼吸困难，机体缺氧，导致黏膜发绀。

（4）体表静脉怒张，进一步发展出现肺水肿的症状。这是由于心力衰竭导致外周血管内的血液不能回到心脏，从而淤积在外周静脉中，使体表静脉过度充盈，发生体表静脉怒张。

（5）心脏搏动亢进，第一心音增强，这是由于心脏为了搏出更多血液而加强收缩引起的。同时，第二心音微弱，伴发阵发性心动过速，脉搏细数，甚至触摸不到。

（6）胸部听诊有广泛的湿啰音。

（7）步态不稳，容易摔倒。

病马常在发病后很短的时间（数分钟甚至几秒）内死亡。因此，急性心力衰竭往往来不及救治。

（二）慢性心力衰竭的主要表现

（1）病情发展缓慢，病程很长，多在数周、数月或数年。

（2）病马不耐使役，容易疲劳、出汗。这是由于机体血液供应不足引起的。

（3）病马呼吸频率稍有增加，可视黏膜发绀，体表静脉怒张，进一步发展至四肢下端以及腹部出现水肿。

（4）病马排尿量减少，尿液浓缩并含有少量白蛋白。

（5）心率加快，第一心音增强，这是由于心脏为了搏出更多血液而加强收缩引起的。同时，第二心音减弱。

（6）由于心脏扩大，心区叩诊心浊音区增大。

三、护理措施

对于急性心力衰竭的病马，往往来不及救治，因此一般是对慢性心力衰竭病马进行护理。护理原则是减轻心脏负担，缓解呼吸困难，增强心肌收缩力和排血量以及对症疗法等。

1. 减轻心脏负担

（1）将病马置于安静马厩休息，减少运动量，同时给予柔软易消化的饲料，以减少机体对心脏排血量的要求，减轻心脏负担。

（2）根据病马体质，静脉淤血程度等情况，进行颈静脉放血1000~2000毫升，可以减轻心脏负担。

（3）给予利尿剂，如双氢克尿噻，速尿等增加排尿，可以消除水肿，减轻心室容量负荷。

2. 缓解呼吸困难

（1）进行颈静脉放血1000~2000毫升，不仅减轻了心脏负担，也可以迅速缓解病马的呼吸困难症状。

（2）为缓解呼吸困难，可用樟脑制剂兴奋心肌和呼吸中枢，如10%的樟脑磺酸钠注射液或1.5%的氧化樟脑注射液等。

3. 增强心肌收缩力，提高心输出量

（1）缓慢静脉注射25%的葡萄糖溶液，可以改善心肌营养，增强心脏机能，提高心肌收缩力。

（2）最有效的是用洋地黄类强心苷制剂。但应注意洋地黄类药物长期应用易蓄积中毒；由心肌发炎损害引起的心力衰竭禁用。临床上应用时，一般先在短期内给予足够剂量的洋地黄，以后每天给予一定的维持量。

4. 对症治疗

（1）对于心率过快的马，可以用复方奎宁注射液10~20毫升 肌肉注射，每天2~3次。

（2）严重的呼吸困难可以进行吸氧，剂量为80~120升，吸入速度为每分钟4~5升。

另外，马匹应坚持经常锻炼与使役，提高适应能力，防止长期安逸后突然剧烈运动。同时，也应避免过于剧烈运动或过于劳累。

在输液或静脉注射刺激性较强的药液如氯化钙注射液等，应掌握注射速度和剂量，防止心脏负荷过大或心肌受到突然剧烈的刺激，引发心力衰竭。

第二节　急性心肌炎

一、疾病概要

急性心肌炎是局灶性或弥漫性的心肌急性炎症，临床上以急性非化脓性心肌炎为常见。急性心肌炎发生的原因主要有：

（1）急性心肌炎最常见的原因是继发于其他疾病，如马传染性贫血、马腺疫、大叶性肺炎、支气管性肺炎、传染性支气管炎、脑脊髓炎、血孢子虫病、幼驹脐炎、败血症和脓毒败血症等疾病的经过中。

（2）急性心肌炎也常见于植物性的夹竹桃中毒和汞、砷、磷、锑、铜中毒等的经过中。

（3）风湿病的经过中，往往并发心肌炎。

（4）某些药物反应也可诱发本病，如磺胺类药物及青霉素的变态反应，可以诱发急性心肌炎。

二、护理评估

急性心肌炎的特征是心肌兴奋性增强而心肌收缩机能减弱。其症状主要表现为：

第一，脉搏变化具有特征性。

脉搏在初期表现紧张而充实，随着病情发展脉搏变化显著，出现心跳与脉搏非常不相称的情况，即心跳非常强盛而脉搏非常微弱。这是由于心肌兴奋性增强导致心跳强盛，而心肌收缩机能减弱导致脉搏微弱。

第二，心功能试验。

首先测定病马在安静状态下的脉搏次数，后令其步行 5 分钟，再测其脉搏数。病马突然停止运动后，甚至 2~3 分钟以后，其脉搏仍会增加，经过较长时间才能恢复原来的脉搏次数。这是由于病马心肌兴奋性增强导致的。

第三，继发于急性传染病的心肌炎，一般有发热，精神沉郁，食欲减退甚至废绝的表现。

第四，马匹表现出可视黏膜发绀，呼吸高度困难，体表静脉怒张以及颌下、四肢下端部位水肿等症状。

第五，重症病马出现精神高度沉郁，全身虚弱无力，战栗，运步踉跄，甚至出现神志昏迷，眩晕，因心力衰竭而突然死亡。

三、护理措施

护理原则为减少心脏负担，增加心脏营养，提高心脏收缩机能和防治其原发病等。具体措施包括以下方面：

1. 减轻心脏负担

加强饲养管理，给予多次饮水，饲喂易消化、营养和维生素丰富的饲料，避免过度的兴奋和运动。这些措施可以减少机体对心脏排血量的要求，从而减轻心脏负担。

2. 增加心脏营养

缓慢静脉注射 25%的葡萄糖溶液，可以改善心肌营养，增强心脏机能。

3. 提高心脏收缩机能

一般是用强心剂，但特别要注意的是不能用洋地黄强心药，因为本品有延缓传导性和增强心肌兴奋性的作用使马匹很快死亡。可用 20%的安钠咖溶液 10~20 毫升，皮下注射，每 6 小时重复一次。

4. 积极治疗原发疾病

急性心肌炎一般继发于其他疾病，因此，对于原发疾病的治疗是必不可少的。可应用磺胺类药物，抗生素、血清和疫苗等特异性疗法。

5. **对症治疗**

(1) 严重的呼吸困难可以进行吸氧，剂量为80~120升，吸入速度为每分钟4~5升。

(2) 尿少而明显水肿时，可内服利尿素5~10克进行利尿消肿。

第三节　贫血

一、疾病概要

贫血指血液中红细胞数量下降，严格来说，不是一个疾病，而是由多种原因引起或在多种疾病过程中出现的症状群。其主要表现以结膜苍白为特征。对于运动马匹来说，贫血的危害较大，往往导致马匹容易疲劳，运动能力下降。发生贫血的原因主要有以下几个方面：

1. **失血性贫血**

指血液从机体流失到体外引起红细胞数量下降，这种血液流失既可以是大量急性的，如外伤导致大血管破裂引起的急性大失血；也可以是小量慢性的，如胃肠消化性溃疡引起的长期慢性失血。任何导致机体血液大量丢失的情况，都能引起失血性贫血的发生，包括：

(1) 外出血。外伤、骨折以及消化道、呼吸道、泌尿生殖道等黏膜的急慢性出血，导致机体血液丢失，如果量大即引起贫血。

(2) 内出血。肌肉、皮下组织、实质脏器、浆膜腔内的出血，也可导致机体血液丢失，如果量大即引起贫血。

2. **溶血性贫血**

溶血性贫血是由于红细胞破坏速率增加（寿命缩短），超过骨髓造血的代偿能力而发生的贫血。溶血性贫血的根本原因是红细胞寿命缩短。红细胞寿命正常情况下在120天左右，任何导致红细胞寿命缩短的情况，都会引起溶血性贫血。主要包括：

(1) 病原体的感染。某些病原体感染会破坏马匹红细胞，导致红细胞破裂，发生溶血性贫血。如马传贫、马梨形虫病、钩端螺旋体病等。

(2) 溶血毒素的侵入。最明显的就是毒蛇咬伤后，溶血毒素导致红细胞破裂，发生溶血，甚至导致机体死亡。除此之外，还有蓖麻籽中毒、慢性铅中毒等，都会产生溶血毒素，使红细胞破裂，发生溶血性贫血。

(3) 抗原抗体反应。指抗原与相应抗体之间所发生的特异性结合反应。红细胞膜表面都有特定抗原，形成红细胞血型，而血液中存在特定抗体，在血型不符的输血反应中，由于红细胞抗原与血液中相应抗体发生特异性结合反应，导致红细胞破裂，溶解，引起溶血性贫血。

3. **营养性贫血**

营养性贫血是指因机体造血所必须的营养物质，如铁、叶酸、维生素D等物质相对或绝对地减少，使血红蛋白的形成或红细胞的生成不足，以致造血功能低下，导致贫血的情况。在造血的各种营养素中，最常见的是缺铁，因此，营养性贫血多指缺铁性贫血。

4. 再生障碍性贫血

指骨髓的造血功能发生障碍，引起包括红细胞在内的全部血细胞数量的下降。导致再生障碍性贫血的原因主要有两个方面：

（1）化学因素

某些药物如氯霉素、链霉素，以及苯、甲醛等都会影响骨髓造血功能，长期接触这些化学物质会造成包括红细胞在内的全部血细胞数量的下降。

（2）物理因素

放射性物质，如X线等电离子辐射，或核辐射等，都可作用于骨髓内的多能干细胞，使红细胞系、粒胞细胞系以及巨核细胞系造血功能全面发生障碍。

二、护理评估

贫血的症状包括共同症状与特殊症状，其护理评估主要从这两个方面进行：

1. 贫血的共同症状

贫血的共同症状以可视黏膜苍白和血液运氧能力下降导致的全身变化为主。如眼结膜等可视黏膜由于红细胞数量减少引起颜色变淡苍白，且随贫血严重程度增加而加重。由于血液运氧能力下降，机体出现食欲减退，浑身无力，呼吸脉搏增加，容易疲劳，不耐使役与运动。

2. 各型贫血的特殊症状

（1）失血性贫血的特殊症状。

失血性贫血的症状与失血快慢有关。

①急性失血性贫血。

失血快，起病急，病情重。眼结膜等可视黏膜瞬间苍白，体温下降，四肢发凉，脉搏细弱，出冷黏汗，严重者陷于出血性休克而迅速死亡。

② 慢性失血性贫血。

失血慢，起病缓，病程长。眼结膜等可视黏膜长时间发展逐渐变得苍白，马匹由于慢性失血而日趋瘦弱。贫血逐渐加重，疾病后期由于血液红细胞数量严重下降，导致血液渗透压下降，水分从血管内渗漏到机体组织中，引起四肢和胸腹下水肿，乃至体腔积水。

（2）溶血性贫血的特殊症状。

起病急或缓，病程长或短。溶血性贫血的临床表现主要与溶血过程持续的时间和溶血的严重程度有关。其最典型的症状为可视黏膜苍白或黄染，病马往往排血红蛋白尿。

（3）营养性贫血的特殊症状。

如前所述，营养性贫血主要指缺铁性贫血，其发病缓慢，病程很长，眼结膜等可视黏膜长时间发展逐渐变得苍白，严重情况下也会导致机体出现水肿。

（4）再生障碍性贫血的特殊症状。

除急性放射病引起的以外，再生障碍性贫血一般起病较缓。但可视黏膜苍白逐渐加重，最后如白纸样。几乎均有出血倾向，如内脏出血，主要表现为消化道出血、血尿、眼底出血（常伴有视力障碍）和颅内出血等。皮肤、黏膜出血广泛而严重，且不易控制。由于再生障碍性贫血不仅引起红细胞下降，还引起其他血细胞包括白细胞下降，导致机体免疫力下降，常常发生难以控制的感染，预后不良。

三、护理措施

贫血的护理在于根据不同贫血类型而采用不同的护理措施。具体来说有以下几个方面：

1. **失血性贫血**

护理措施主要在于止血。

（1）外出血时，可用外科方法止血，如结扎止血或敷以止血药。

（2）内出血时，可静脉注射止血药如10%的氯化钙注射液或10%的柠檬酸钠注射液等，进行药物止血。

对于急性失血性贫血来说，还要积极补充血容量，以解除循环衰竭。措施为静脉注射5%的葡萄糖氯化钠注射液，或最好迅速输给全血或血浆。

2. **溶血性贫血**

护理措施主要在于消除感染，排除毒物。由于其最典型的症状为可视黏膜苍白或黄染，往往排血红蛋白尿，因此护理措施包括以下方面：

（1）病情观察

①密切观察日夜间尿液的颜色、黄疸程度。

②密切观察眼结膜等可视黏膜的颜色以及脉搏速率。

（2）症状护理

①黄疸的护理：注意伴随的症状及有无出血倾向，保持病马皮肤清洁。

②本病常因红细胞破裂，游离血红蛋白阻塞肾小管，而引起少尿、无尿甚至肾功能衰竭，应及早输液并使用利尿药，如利尿素5~10克，加水适量内服。

3. **营养性贫血**

护理措施主要在于补给所缺造血物质，并促进其吸收和利用。由于铁的缺乏最为常见，因此护理措施主要是补铁：通常用硫酸亚铁，配合人工盐、制成散剂混入精料中喂给，或制成丸剂投给。并注意以下几个方面：

（1）口服铁剂会刺激马匹胃肠道，导致马匹胃肠不适，严重时出现剧烈腹痛。为减轻胃肠刺激，铁剂应与精料混合后饲喂，并从小剂量开始。

（2）与维生素C同服，或用稀盐酸10~15毫升，加水适量内服，都能促进铁的吸收与利用。

（3）有效指征：铁剂治疗一周后，检查网织红细胞增加。

（4）疗程较长：血红蛋白恢复正常后需要继续治疗3~6个月，以补充储存铁。

4. **再生障碍性贫血**

原则上是去除病因，积极治疗原发病，促进骨髓造血功能。由于常常发生难以控制的感染，护理措施主要在于预防继发感染。

（1）观察有无感染征象。

（2）鼓励进食高蛋白、高热量、高维生素食物。

（3）定期刷马，保持皮肤清洁。

（4）保持马厩内清洁卫生，保证空气流通，防止外源性感染。

（5）防止牙龈损伤，保持口腔清洁。

第十章　其他常见疾病护理

第一节　中暑

一、疾病概要

中暑是指在高温环境下或烈日暴晒引起体温调节障碍、汗腺功能衰竭和水、电解质代谢紊乱所致的疾病。中暑是夏天马匹的常见疾病。马匹是怕热的动物，在烈日下或高温环境里，体内热量不能及时散发，引起机体体温调节发生障碍导致中暑，因此中暑又称日射病或热射病。引起中暑的原因主要有以下方面：

1. 阳光直射（日射病）

夏天阳光长时间直射头部，使头部吸热增多。由于热胀冷缩的原理，马匹大脑组织受热发生膨胀，同时，马匹头骨没有发生相同程度的膨胀，导致马匹颅内压升高，出现头痛、头晕、烦躁不安。严重时昏迷、惊厥。

2. 高温环境（热射病）

外界环境潮湿闷热、酷暑熏蒸，马匹散热减少，使热量聚集在马匹体内。初起，可通过体温调节中枢以加快心输出量和呼吸频率，皮肤血管扩张，出汗等提高散热效应。而后，体内热量进一步蓄积，体温调节中枢失控，心功能减退、心输出量减少、汗腺功能衰竭，使体内热进一步蓄积，体温骤增。

3. 产热增多

马匹驮载过重、骑乘过快，运动过于剧烈，都会使肌肉活动剧烈，产生大量的热，是中暑发生的主要内因。

4. 其他因素

马匹体躯肥胖，脂肪肥厚，被毛丰厚容易发生中暑；或者北方马匹初到南方，耐热性差也容易发生中暑。

二、护理评估

中暑是以体温过高、循环衰竭和一定的神经症状为特征的急性疾病，常见症状主要有以下表现：

第一，体温升高。体温急剧升高，是中暑最主要的表现。体温可达42℃以上，皮温增高，触之烫手。

第二，发病早期有大量冷汗，继而无汗。

第三，呼吸促迫，甚至发生高度呼吸困难，马匹鼻孔开张，两肋扇动。

第四，病马昏睡或昏迷，卧地不起，意识丧失。有的病马可呈现短时间的兴奋不安，乱冲乱撞，但很快转为精神抑制。

第五，严重者可产生肺水肿、心力衰竭等，病马流粉红色细小泡沫样鼻液。

三、护理措施

中暑的护理原则是促进降温，维护心肺功能，纠正酸中毒和治疗脑水肿。具体护理措施包括以下方面：

1. 马匹停止使役或运动

马匹立即停止使役或运动，并且将马匹移动到阴凉通风的环境中，如果无法移动马匹则要搭建简易遮阳棚。如果马匹能够自己饮水则增加对马匹喂水，同时，补充电解质，除了尽快补充钠、氯（盐）的缺失外，还应注意适当补充其他电解质如钙、镁等。

2. 病情观察

应定时测生命体征、观察意识状态及体温的变化，并记录；严密观察有无休克发生。因为高热可导致循环衰竭而休克，降温过程大量排汗也可导致虚脱和休克。

3. 降低体温

降低体温是中暑治疗与护理的关键与核心措施。高热持续时间越长，组织损害越严重，预后也越差，故需积极、迅速、有效地采取降温措施降温。降温有两种方法，即物理降温法和药物降温法。

（1）物理降温法。可采用冷水浇身、头颈部放置冰袋、盐水灌肠及酒精擦拭体表等。一般最常用的是用冷水浇身的方法，即用自来水管放水冲洗马匹全身。重点是头部、颈部、腋窝、腹股沟处，反复冲洗马匹全身及重点部位，持续时间在 30 分钟以上。在冲洗过程中应密切观察马匹体温变化情况，并做好体温测量。每 10~15 分钟测量一次体温，当测量马匹肛温降低到 39℃~40℃左右时，应停止浇水，将马匹转移到室温在 25℃以下的环境中继续密切观察，如体温有回升，则继续物理降温。

（2）药物降温法。氯丙嗪的药理作用有调节体温中枢功能、扩张血管、松弛肌肉和降低氧消耗的作用，因此药物降温主要是采用盐酸氯丙嗪注射液按 1~2 毫克/千克体重，肌内注射或混于 0.9%的氯化钠注射液中，静脉点滴注射。当病马体温降至 39℃~40℃时，应停止降温，以防体温过低，发生虚脱。

4. 维护心肺功能

中暑病马可先用强心剂如安钠咖、西地兰或地高辛等，然后静脉输血 1000~2000 毫升，输血后立即静脉输注复方氯化钠注射液或 0.9%的氯化钠注射液 2000~3000 毫升。

5. 纠正酸中毒

采用补碱的方法，可静脉注射 0.5%的碳酸氢钠注射液 500~1000 毫升。

6. 治疗脑水肿

可静脉注射 20%的甘露醇注射液 500~1500 毫升进行脱水治疗。

第二节　纤维性骨营养不良

一、疾病概要

纤维素性骨营养不良是成年马、骡由于钙、磷代谢障碍，引起骨组织呈现进行性脱钙及柔软的细胞性纤维组织增生，导致骨组织体积增大、肿胀变形而重量减轻的一种代谢性疾病。疾病后期马匹常常趴卧不起，所以又称为“趴窝病”。本病多发于马属动物，发病季节以冬春发病率最高，夏秋发病率明显降低；本病有显著的地区流行性，我国北方地区尤其是东北地区比南方地区多发。引起马匹纤维性骨营养不良的原因主要有以下方面：

1. 高磷低钙日粮（钙供给相对不足）

马匹日粮中钙磷比例不当是造成本病的首要原因。理想情况下，马匹日粮中钙磷比例应为：1.2 : 1左右，即钙含量应稍高于磷。如果饲料中磷的含量明显比钙要高，如麸皮中钙磷比为0.22 : 1.09；米糠中钙磷比为0.08 : 1.42都是含磷特别高的精饲料，导致马匹食入过多的磷。机体中钙磷之间存在竞争性抑制现象，即机体磷吸收过多就会抑制钙的吸收，这时不论补充多少钙，机体都不能正常吸收，从而影响骨骼对钙的吸收，骨骼钙化不足及纤维发育异常，发生纤维性骨营养不良疾病。

2. 钙喂量不足（钙供给绝对不足）

日粮中钙磷比例是合理的，或者日粮中磷的饲喂量并不多，但是钙的供给绝对量不足，这时不管日粮中磷的含量是多少都会引起机体缺钙。从而影响骨骼对钙的吸收，发生纤维性骨营养不良疾病。

3. 长期过劳或长期休闲

这是由于马匹管理不当造成的。马匹长期过劳或剧烈运动，骨骼肌的能量需求大大增加，机体被迫进行血液的再分配，大量的血液流入骨骼肌内。因此，胃肠的血液供应必然会相对减少，引起胃肠的蠕动功能和分泌功能降低，消化液分泌减少，对钙质的消化吸收减少，导致机体缺钙。

反之，马匹长期休闲安逸，运动不足，胃肠平滑肌的紧张性降低，也会引起胃肠蠕动功能减弱，消化腺的兴奋性减退，分泌功能降低，消化液分泌减少，对钙质的消化吸收减少，导致机体缺钙。

所以，长期过劳或长期休闲都会引起机体缺钙，发生纤维性骨营养不良疾病。

4. 钙吸收障碍

日粮中钙磷比例是合理的，钙的绝对量也不缺乏，但是由于某些因素影响马匹对钙的吸收，如植物中含有过多的草酸或马匹消化道中的纤维素都可导致钙的损失，或饲料中存在过量的脂肪，当进入机体内均可与钙结合成不溶性钙而不被吸收。这些因素都可以干扰马匹对钙的正常吸收，导致机体缺钙，发生纤维性骨营养不良疾病。

5. 季节因素

纤维性骨营养不良多发生在冬春季节，主要是因为冬春季节阳光较少，日光照射时间较短及强度较弱，影响了机体自身通过胆固醇合成维生素 D_3，而在维生素 D_3的作用下小肠对钙才会进行正常的吸收和利用。由于季节因素使机体维生素 D_3 的合成减少，影响机体对钙的正常吸收，导致机体缺钙，发生纤维性骨营养不良疾病。

二、护理评估

纤维性骨营养不良病马的主要症状包括骨骼肿胀变形、跛行、消化紊乱、异嗜癖、尿液变化等：

1. 骨骼肿胀变形

纤维性骨营养不良以骨骼肿胀变形为最主要外在表现，其症状主要包括以下方面：

（1）首先从马的头部开始，头骨最先开始肿胀变形。下颌骨肿胀增厚，上颌骨和鼻骨肿胀隆起，导致马头变大，严重者甚至使面部变成圆桶状外观，故有“大头病”之称。

（2）接着，四肢关节肿胀变粗，尤以肩关节肿大更为明显。长骨变形，脊柱弯曲，往往呈“鲤鱼背”，或称为“拱背”。由于脊柱弯曲变形及引起背部疼痛，马匹转弯时往往呈现直腰（所谓“板腰”）。

（3）最后，由于马匹卧地不起，压迫肋骨，使肋骨变平，胸廓变窄。骨质疏松脆弱，容易骨折。

2. 跛行

纤维性骨营养不良另一个突出的外在表现是，往往出现不明原因的一肢或整肢跛行，开始呈现轻度跛行，以后逐渐加重，而且跛行常交替出现，转变为四肢轮跛，时轻时重，反复发作。

3. 消化紊乱

纤维性骨营养不良还导致马匹消化功能紊乱，排便干、稀交替，表现为腹泻或便秘。粪便常含大量未消化的粗糙渣滓，后期可呈现便秘，粪球干而硬，排出粪球时带有大量液体，粪球落地后立即破碎。

4. 异嗜癖

纤维性骨营养不良引起马匹出现异嗜癖，马匹有意识地摄入一些非食物性物质，例如木头、绳子、粪便等。病马到处啃食木桩、舔墙吃土，啃咬缰绳，甚至粪便等。

5. 尿液变化

纤维性骨营养不良病马排出的尿液为澄清、透明的，像自来水一样，这是本病的特征表现。而正常马匹尿液应为浑浊的黄白色，当经过治疗有效或病情好转后，尿液就会恢复正常。这可以作为判断病情或治疗效果的指标。

三、护理措施

纤维性骨营养不良护理主要在于以下几个方面：

1. 调整日粮结构

注意饲料搭配，减喂米糠、麸皮等含磷量高的精料，增喂钙磷比例合理的优质干草和青草，使日粮中钙磷比例达到 1.2：1 的合理水平。

2. 人工补充钙剂

常用的药物是南京石粉，一般混合在精料中饲喂马匹，用量是每天 100~200 克，约占精饲料总量的 10%，分 2 次给予。也可以静脉注射 10%的葡萄糖酸钙注射液或 5%的氯化钙注射液，补充钙剂，疗程大约为7~10天。判断药物治疗是否有效需观察马匹尿液，如果由澄清透明转变为浑浊的黄白色表明治疗有效。

3. 对症护理

（1）马匹消化紊乱，消化不良可以使用健胃剂如健胃散等以调节胃肠功能。

（2）马匹疼痛跛行，可以使用跛行镇痛散150g，加水适量，口服。

（3）由于马长时间趴卧，压迫身体局部导致受压迫部位血液循环不通畅，时间长了容易发生褥疮，所以治疗过程中应经常人工帮助马匹翻身。

第三节　脱水

一、疾病概要

脱水是指机体消耗大量水分，而不能即时补充，造成新陈代谢障碍的一种症状，严重时会造成虚脱，甚至有生命危险，需要依靠输液补充体液。马是出汗动物，夏季天气炎热，温度高，容易发生脱水的状况。引起脱水的原因主要有以下两个方面：

1. 水摄入不足

马匹生理情况下，每天消耗大量水分，如马消化时需要分泌大量消化液，如唾液、胃液、肠液、胰液等可达150多斤；另外，马匹汗腺非常发达，每天出汗量非常大。因此，马匹每天需补充大量水分才能满足机体正常需求。机体补充水分的途径主要有三种：饮水、食物当中含的水以及机体新陈代谢产生的内生水。其中，饮水是最主要的途径，马匹每天至少要饮水2~3次，饮水量根据马匹不同状态有所不同。如中等强度运动时，马匹每日需摄入水34~57升，出汗时还要随时补充。如果饮水不足，就容易导致马匹出现脱水。

马匹正常需水量见下表：

表10-3-1　马匹正常需水量

马的状态	水的需求量（升/日）
不运动时	15~30
妊娠中	26~34
泌乳旺盛期	34~42
中度运动时	34~57
剧烈运动时	45~57

2. 水丢失过多

马匹大运动量或者过度使役以后，大量出汗而没有及时补充水分和电解质，是夏季马匹脱水的常见原因。另外，马匹腹泻或尿崩症导致水分从粪便或尿液大量丢失而得不到补充；大面积皮肤烧伤导致大量渗液而丢失水分；急性大失血导致血容量下降等也是脱水的原因。

二、护理评估

脱水时患马精神沉郁，四肢无力，心跳呼吸加快，皮肤缺乏弹性。主要的检测方法有两种：

1. 测量毛细血管再灌注时间

用大拇指按压在马最靠边的门牙的牙龈处，该处会有少量血液渗出。松开拇指，血液会迅速回流，计算血液回流的时间。正常时间应为两秒或两秒之内。如果血液回流用时三秒或超出三秒，表明马匹脱水。

2. 捏皮测试

在马的前肩处捏起一部分皮肤，高度约1.5~2厘米左右，松开手，看皮肤需要多长时间恢复原状。如果皮肤立即恢复原状，说明马匹不缺水；如果皮肤恢复缓慢，排除年龄因素和营养因素以外，表明马匹脱水。

图 10-3-1　捏皮测试

三、护理措施

马匹脱水的护理措施主要包括以下方面：

1. 及时补充液体

这是缓解脱水最有效的措施。症状较轻的，给马匹饮水，同时补充电解质如钠离子和氯离子等。大约一桶水放入一把盐，注意不能喝得太急，少量多次。防止短时间内大量液体进入血液循环，回心引起心脏容量负荷过重，导致急性心力衰竭。

症状较重的，直接静脉输入生理盐水。在输液前应先放血1000~2000ml，这是为了防止大量输液导致血液容量急剧增大，回心引起心脏容量负荷过重，导致急性心力衰竭。

2. 马房通风降温保湿

马房通风良好，局部环境温度降低，马匹出汗会减少，水分丢失就会减少。有利于缓解马匹脱水。但是，不要人工方式过度通风，以免马匹汗液大量蒸发，水分丢失增多，加重马匹脱水。

第四节　铅中毒

一、疾病概要

铅是一种重金属，铅和其化合物对机体各组织均有毒性，慢性铅中毒是一种由于铅的累积吸收而导致的非传染性慢性病。其发病原因主要有以下几个方面：

1. 环境因素

环境受到污染，如汽车尾气、工厂废气、废水当中含有大量铅，大气、土壤、水源受到污染，马匹在这种环境下生活，通过呼吸含铅空气，饮用含铅水，进食含铅食物，引起铅中毒。

2. 习惯因素

马匹喜欢舔舐机油、润滑油、某些颜料等，由于其都含有一定量的铅，导致马匹铅中毒。

二、护理评估

马匹铅中毒以流涎、兴奋不安和贫血为特征。其症状主要有以下几个方面的表现：

1. 胃肠炎症状

马匹出现腹痛、腹泻、大便呈黑色。

2. 神经症状

马匹出现兴奋不安，甚至烦躁，注意力不集中，运动障碍，肌肉震颤等神经症状。

3. 贫血症状

马匹红细胞数量下降，可视黏膜苍白，消瘦、呼吸加快加深，甚至出现呼吸困难，心率加快，脉搏增加。

4. 铅线

马匹齿龈部可观察到蓝黑色的条状带，称为“铅线”，这是马匹铅中毒的特征性症状。

三、护理措施

1. 急性铅中毒的护理措施

对于急性铅中毒，护理措施是立即用温水洗胃，再投给蛋清水、牛奶、豆浆等，之后服盐类泻剂，促进铅的排出。

2. 慢性铅中毒的护理措施

对于慢性铅中毒，护理措施是应用驱铅药物如依地酸二钠钙（$CaNa_2EDTA$）、二巯基丁二酸（DMSA）、二巯基丙醇（BAL）等。

3. 对症护理

（1）兴奋不安。马匹出现兴奋不安、注意力不集中等神经症状可以使用水合氯醛（5%的水合氯醛酒精注射液）、安溴等药物解痉镇静。

（2）呼吸困难。严重的呼吸困难可以进行吸氧，剂量为 80~120 升，吸入速度为每分钟 4~5 升。必要时行气管切开术。

（3）心功能下降。马匹心功能下降可以使用强心药如洋地黄、西地兰、地高辛等，或补充高浓度葡萄糖以营养心肌。

第五节 马流行性感冒

一、疾病概要

马流行性感冒简称马流感，是由马流感病毒引起的一种急性传染性疾病，多呈暴发性流行，发病率高而死亡率低。世界动物卫生组织将其列为 B 类疫病，对马匹造成一定的危害，应引起高度重视。马流感发生的原因主要有以下方面：

第一，患马是主要传染源，病毒主要经呼吸道和消化道两种途径感染健康马匹。

(1) 呼吸道途径感染。病毒存在于患马的呼吸道分泌物中，当患马咳嗽、打喷嚏时，病毒随喷出的飞沫经空气而四处传播，健康马匹呼吸含有病毒的空气时，病毒随空气进入健康马匹呼吸道导致马匹感染。

(2) 消化道途径感染。病毒存在于患马的呼吸道分泌物中，当患马流鼻液时，鼻液中的病毒污染食物和水，健康马匹进食或饮用被污染的食物或水，病毒即进入马匹消化道导致马匹感染。

第二，病毒也可以通过马匹皮肤直接接触或经马鞍、笼头、汗垫等间接接触传播，导致马匹感染。

二、护理评估

马流感主要表现有以下方面：

1. 高热稽留

这是马流感最先表现出来的症状，也是最有特征性的症状。马匹体温显著升高，一般达到39.5℃以上，并且呈现稽留热型，即体温在24小时内波动幅度小于1度。高热稽留时间一般为1~2天，或4~5天，很少超过一周，然后缓慢下降至常温。如果体温正常后又出现升高，则表明继发细菌感染。

2. 咳嗽

马流感最主要的症状是出现先干后湿的咳嗽。发病初期主要是干咳，即咳嗽时没有痰液排出，持续时间不长，一般为2~3天。随后转变为湿咳，即咳嗽时有大量痰液排出，持续时间较长，一般持续2~3周。

3. 流鼻液

马流感鼻液先是浆液性，即水样鼻液，随后转变为黏液性的黏稠鼻液。

4. 其他症状

(1) 马流感病马还表现出肌肉震颤的症状，主要发生在发热期，以肩部肌肉最明显。病马因为肌肉震颤出现酸痛而不爱活动。

(2) 眼结膜充血浮肿，大量流泪。

(3) 精神沉郁，食欲下降，呼吸加快，脉搏增加。

三、护理措施

由于马流感目前没有特效药物可以治愈，护理措施以对症护理为主，并且防止继发感染，具体包括：

1. 加强饲养管理

(1) 保持马厩舍内清洁，经常消毒处理，被污染的厩舍要用2%的苛性钠热溶液消毒；被污染的粪便须堆积发酵两个月。

(2) 马匹安静休息，多饮水，给予流质或流质饮食，给马匹提供柔软易消化并营养丰富的食物，以减轻胃肠负担，并提高机体免疫力。

2. 对症护理

（1）高热、肌肉酸痛。使用解热镇痛药物如阿司匹林、对乙酰氨基酚、双氯芬酸等。

（2）流鼻液。减轻鼻黏膜充血药能够选择性地收缩鼻黏膜的血管，使流鼻液减少，例如苯丙醇胺、伪麻黄碱等。

3. 防止继发感染

一般使用磺胺类药物如磺胺嘧啶，及抗生素如青霉素控制继发感染。

第十一章　运动马匹护理

第一节　运动马匹饲养与护理

一、运动马匹饲养

运动用马实行圈养舍饲，能量消耗较大，在饲养过程中应注意以下方面：

1. 定时定量

马匹消化系统比较敏感，对日粮结构的突然改变、饲喂时间的突然改变，甚至饲喂量的改变等都不能很快适应，造成消化系统紊乱。因此，对于运动用马饲喂时间要定时，饲喂量要固定，防止出现消化功能紊乱，影响马匹运动能力。

2. 少喂勤添

马匹胃为单胃，胃的容积很小，一次进食量有限。因此，每次喂食量不宜过大，防止发生急性胃扩张。增加饲喂次数，以保证马匹能量需求。并且每次喂食时，应尽力将食物在短时间内投放给每匹马，避免马急不可耐地烦躁等待。

3. 饲喂次数

一般四次，白天喂两次精料，加一次粗料（干草），晚上再喂一次粗料（干草）。每次喂量不过大，各次时间间隔均匀为好。精料白日分喂，粗料（干草）半数留夜间一次投给，一方面使他们在晚上有事干，可以缓解焦虑。另一方面，可以增加马匹膘情，所谓“马无夜草不肥”，指的就是这种情况。

4. 喂量分配

（1）赛前那次喂精料应减量，粗料（干草）减半，甚至完全不给。

（2）比赛日精料减30%~40%，干草也减量。

（3）停止训练和运动的马。精料三分之一，或白日减半，代之以干草。保持体重，防止沉积体脂。

5. 役饲不能失调

所谓“役饲”，指的是运动与饲喂之间的关系。对于运动马匹来说，应注意避免以下两种情况：

（1）进食后不能立即运动。进食后，胃肠处于饱胀状态，血液大量集中在胃肠，以促进胃肠蠕动和消化液分泌，有助于对食物的消化与吸收。如果这时立即进行运动，血液会被大量抽调到骨骼肌中以满足运动对能量的需求。机体血液总量是一定的，这时胃肠血液供应就会减少，导致胃肠蠕动和消化液分泌减少，引起消化不良。与此同时，大量食物在胃里占据了过大的空间，使胃发生膨胀，体积扩大，占据腹腔过大空间，这会影响横隔膜有效地工作。由于横隔膜被挤推向前，胸腔被挤压，导致肺活动空间受压缩，影响肺的扩张，进而影响马的呼吸功能，导致马匹运动能力下降。

因此，运动马匹进食后，不能立即进行运动，必须要有消化食物的时间。需要的时间依据运动强度和饲料情况来定。例如，粗饲料（干草），约用 20 分钟来进食，1 个半小时来消化。如果运动强度很大，则消化时间相应延长。

（2）运动后不能立即进食。根据血液再分配原理，剧烈运动时机体血液大量分配集中在骨骼肌中，以满足运动时对能量的需求。运动后立即进食，由于血液还未来得及重新分配到胃肠，导致胃肠缺血。胃肠蠕动和消化液分泌功能下降，引起消化不良。

因此，马匹运动后也不能立即进食，要给血液重新分配回到胃肠的时间，这个时间大概是 30 分钟。所以，马匹运动后应过 30 分钟后再进食。并且，运动后，饲喂湿料可以增加食欲，补充液体。这对运动马匹恢复疲劳，防止脱水有重要意义。

6. 运动马的饮水

与一般马匹相比，运动用马对水的需求更大。运动用马每日饮水不少于 3 次，最好夜间加饮一次，总量大约在 20~50 升。运动前没有合理饮水，马的竞技能力和恢复能力都会降低；运动后不能立即饮水，先让马匹休息一小时，待恢复正常后再饮水。防止胃肠受到刺激发生胃肠痉挛，导致间歇性腹痛。

表 11-1-1　运动马不同运动强度下需水量表

马的状态	水的需求量（升/日）
不运动时	15~30
中度运动时	34~57
剧烈运动时	45~57

7. 个体喂养

运动用马在饲养过程中，应针对不同马匹采取不同的饲喂标准。运动用马需要分别对待，实行个体喂养。长期仔细观察，就能掌握每匹马的不同特点，从各方面投其所好，满足每匹马特别是高性能马的特殊需要。

二、运动马匹日常护理

（一）马衣

运动用马一般需要马衣的防护。马衣的材质有天然纤维和化学纤维两种，由天然纤维制成的马衣，一般比较重，但它的吸水性好、透气性也好，对马匹来说更合适。马衣的作用主要有：保暖、防蚊蝇、防晒等。根据马衣的作用不同将马衣分为户外马衣和厩内马衣两种。

1. 户外马衣

为了工作需要（比如速度竞赛）会把有些运动马全身的毛剃掉，有的马（比如纯血、阿拉伯）皮比较薄，在天气寒冷时，户外运动需要此种马衣，其主要作用是保暖、防风及防雨。因此，户外马衣的材质主要是帆布或化纤。

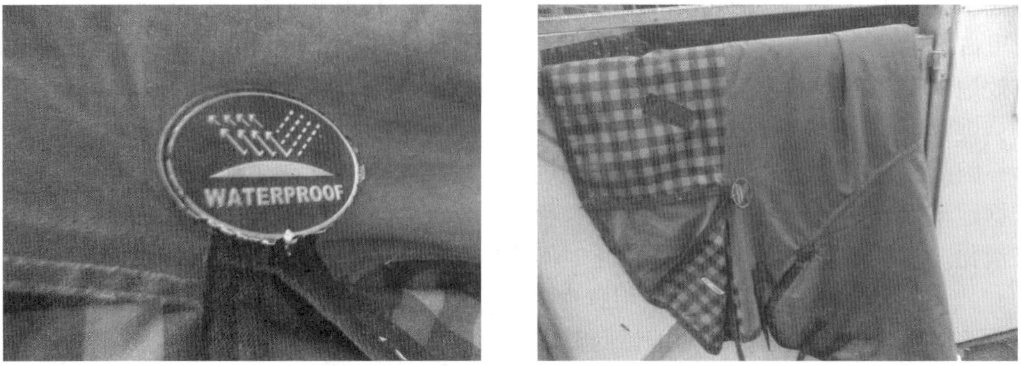

图 11-1-1　户外马衣（摄于澳大利亚）

由于运动马匹在户外的时间要多于在马厩内的时间，因此，户外马衣的使用要特别注意，主要注意以下几个方面：

①在马匹户外运动前要让其适应身上的户外马衣，特别是当它不习惯后腿有绑带时。防止马匹撕咬，挣脱其身上的马衣。

②为了防止户外马衣对马匹的束缚甚至造成损失，要经常检查户外马衣与马匹身体的贴合情况，必要时要对马衣进行调整，以适合马匹为准。

③户外马衣应该有备份，当马匹身上的马衣出现汗湿或弄脏的情况时，可以及时更换。

图 11-1-2　户外马衣

（引自 http：//chinasaddlery. com/article. php? id=68）

2. **厩内马衣**

厩内马衣又称为夜间马衣，主要是在马匹夜间休息时使用。其作用主要是保暖，也有防蚊蝇的作用。传统厩内马衣用麻和毛制成，保温效果好而且舒适，但缺点是比较重，马匹感觉不舒适，且洗后容易缩水变形。现在改用合成纤维制作，其优点是质量较轻，容易穿戴，体积不大且可水洗，但缺点是时间长了不舒展，而且保暖效果也会降低。

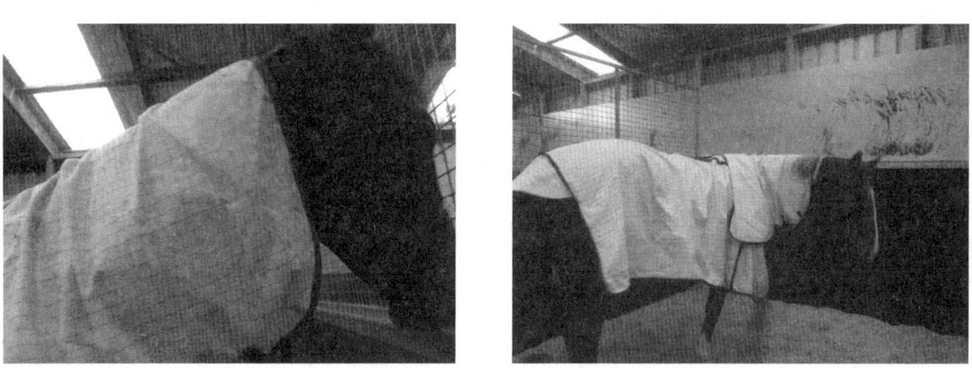

图 11-1-3　厩内马衣（摄于澳大利亚）

另外，还有防蚊蝇马衣，可以防止蚊蝇叮咬马匹，有利于运动马匹的休息与疲劳恢复。

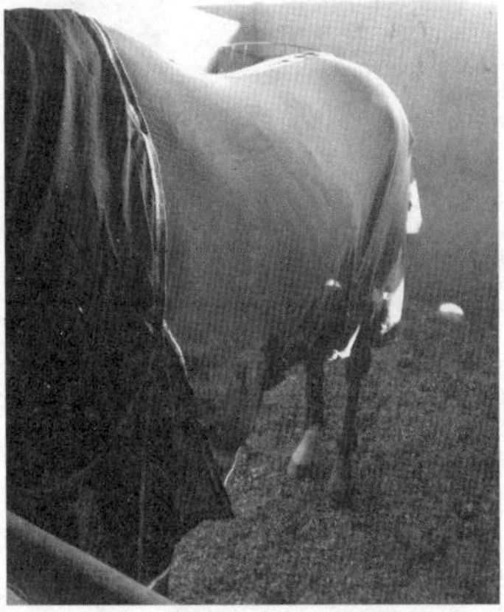

图 11-1-4　防蚊蝇马衣

（二）绑腿

绑腿是一种腿部防护措施，在运动用马运动训练或比赛之前需要打上绑腿。

图 11-1-5　绷带

1. **原理**

打绑腿的原理是挤压四肢静脉的血液，促进血液回流，有利于马匹奔跑。具体来说有以下作用：

（1）减少酸痛。绑腿压缩了四肢血管后，抑制运动过程中血管过度膨胀，加大了血液输送压力，也即起到了“增压”的效果。防止血液在腿部沉积，加大了供氧量，减少腿部酸痛。

（2）保护腿部。绑腿可以保护腿部皮肤肌肉，将皮肤和肌肉与外界隔离开，防止运动过程中异物划伤，或碰伤马匹四肢皮肤或肌肉。

2. **方法**

绑腿的方法是将医用的弹力绷带或纱布甚至一般的布条，从马系部开始，一圈一圈地往上绑，一般到腕关节（或跗关节）附近。具体操作步骤分解如下：

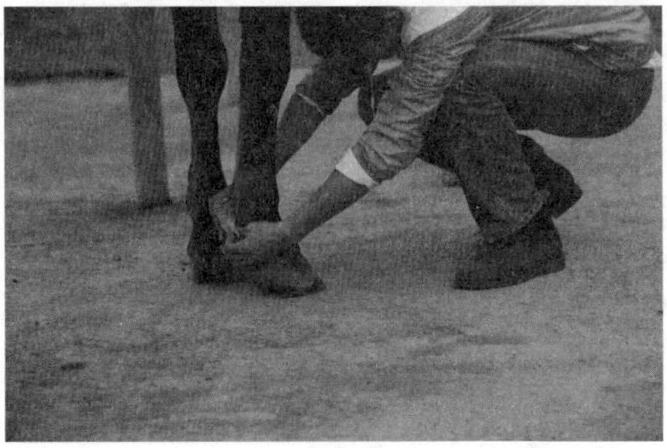

图 11-1-6　第一步 绷带从系部开始缠绕

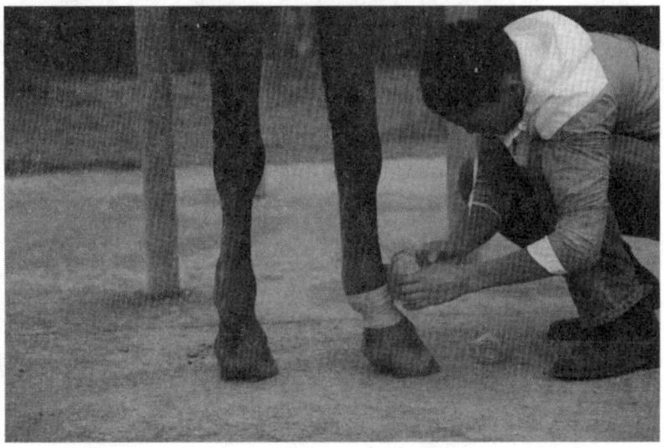

图 11-1-7　第二步 绷带逐渐向上缠绕

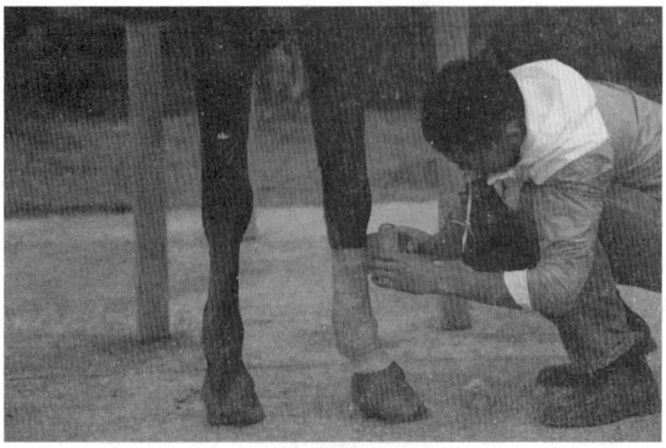

图 11-1-8　第三步 绷带逐渐向上缠绕，接近腕关节

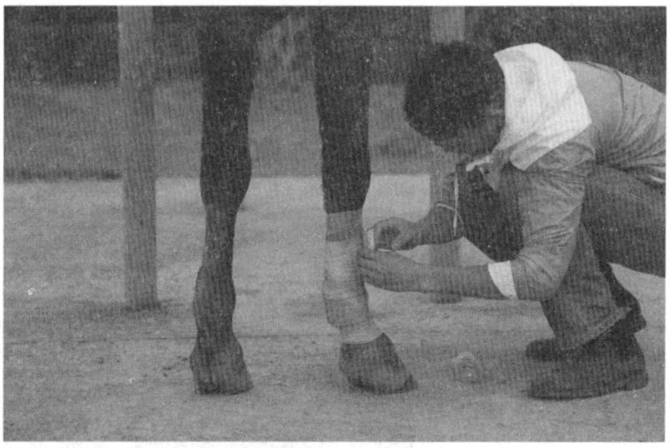

图 11-1-9　第四步 腕关节处将绷带打结

3. **注意事项**

绑腿时，缠绕绷带的力度是不一致的，系部附近的部分要绑紧些，再往上就不用绑太紧。如果系部的绑腿紧张度是 100，在管部就降至 70、80，而到了腕关节（或跗关节）附近，紧张度只需要 50、60 就可以了。这是因为系部血液要回流，克服的重力作用最大，所以要绑得最紧；越往上，重力作用越小，所以可以绑松些。而且下面绑得紧，上面绑得松，这两者的压力差也有利于血液往上面回流。

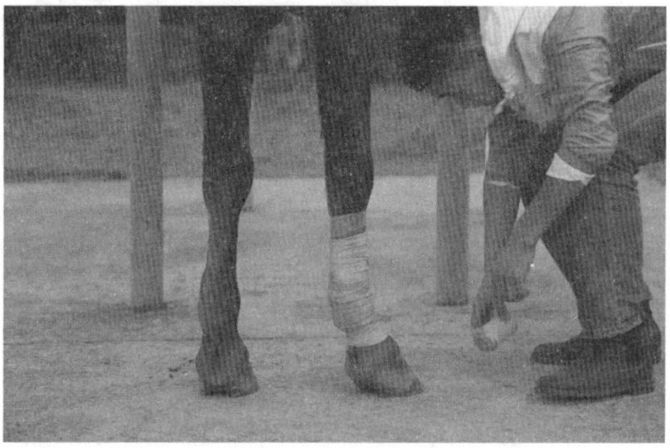

图 11-1-10　第五步 绷带固定，绑腿完成

（三）护腿

马匹护腿分为前护腿和后护腿。主要作用是保护马腿，主要应用在马术障碍赛中防止马匹运动时碰伤或擦伤腿部。国际马术联合会对马术障碍赛中马的护腿的重量有新的规定。任何马匹护腿超过 500 克的运动员都会被取消资格。

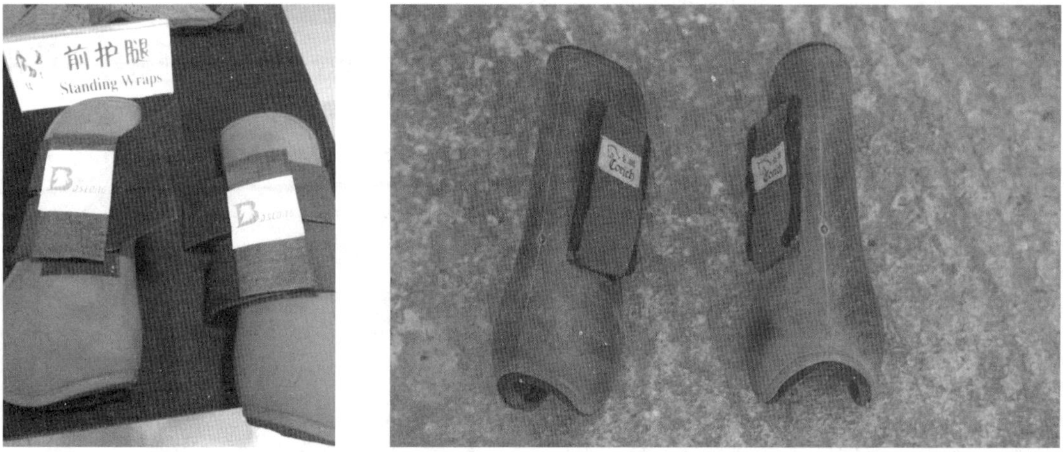

图 11-1-11　前护腿

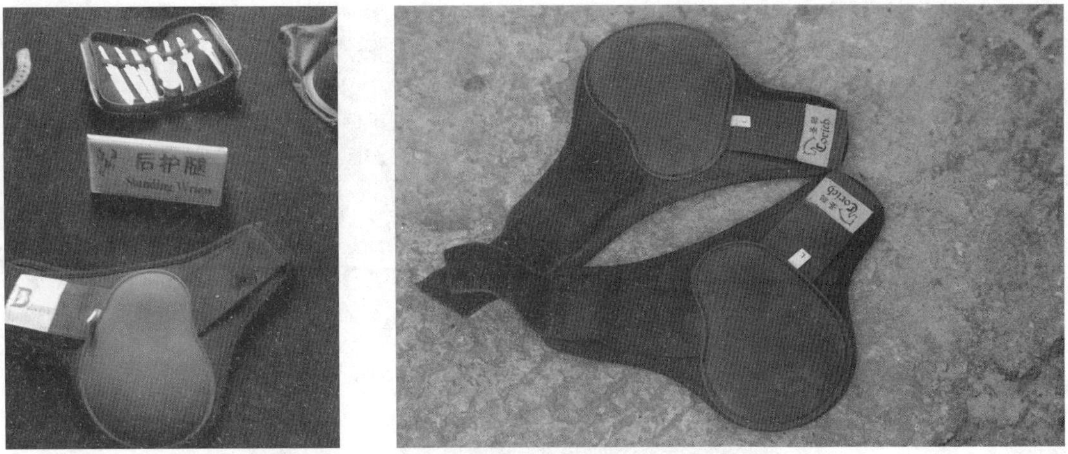

图 11-1-12　后护腿

（1）给马匹戴上前护腿，动作分解如下：

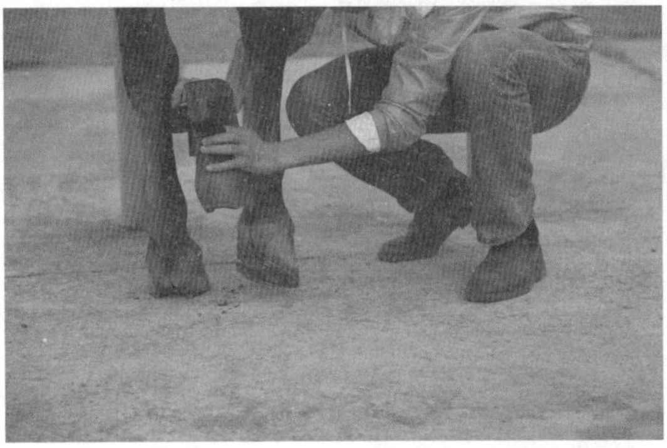

图 11-1-13　第一步 护腿开口向前，靠近前腿管部

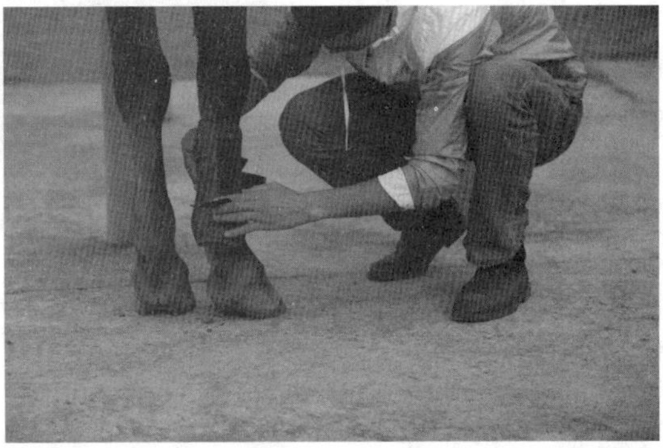

图 11-1-14　第二步 护腿开口向前，紧贴前腿管部

图 11-1-15　第三步 粘上护腿自带胶带，固定护腿

（2）给马匹戴上后护腿，动作分解如下：

图 11-1-16　第一步 护腿开口向前，靠近后腿系部

图 11-1-17　第二步 护腿开口向前，紧贴系部

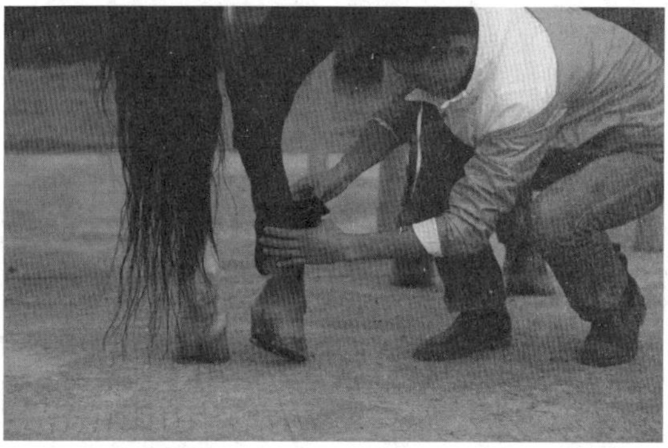

图 11-1-18　第三步 粘上护腿自带胶带，固定护腿

三、水疗（水中运动疗法）

国外有些大型马场，配备有水疗设施，对运动马匹可以起到很好的预防、治疗与护理作用。所谓水疗就是以水为媒介，利用水的特殊性能，如浮力等使马匹在水中进行各种运动，以治疗运动功能障碍的疗法。

水疗对马匹的作用主要体现在三个方面：

1. 温度作用

一般来说，水疗温度有高温和低温两种刺激作用。

（1）低温刺激。指水温在 15℃～28℃时对机体的刺激作用。全身受冷水刺激时（特别是水温与皮温相差较大时），会出现皮肤血管收缩，皮肤呈苍白色，肌肉收缩。可以提高肌肉应激能力、增加肌力、减少疲劳。经常进行低温刺激可以增加马匹对温度变化的适应能力，增强机体免疫力，减少机体患上伤风感冒等的几率。

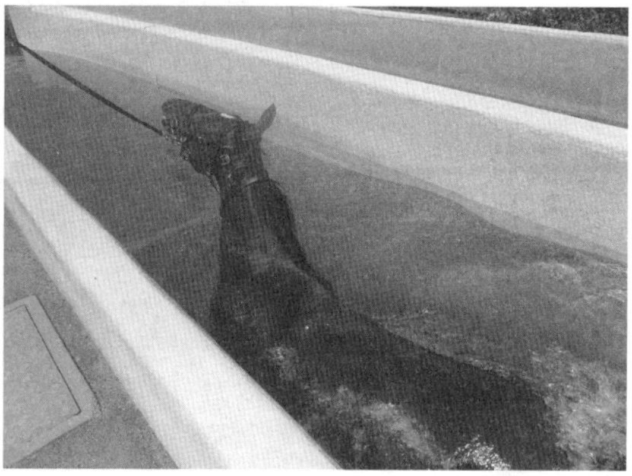

图 11-1-19　马匹水疗（摄于澳大利亚）

（2）高温刺激。马匹全身浸泡在热水中，可以增加体温和扩张血管，以加快血液循环，促进新陈代谢，以利机体各种炎症的吸取和消退，减轻疼痛。还可以减轻肌肉疲劳、解除痉挛、提高肌肉的工作能力。

2. 机械作用

包括三个方面，静水压力作用、水流冲击作用、浮力作用。

（1）静水压力作用。水压压迫马匹胸部、腹部，使呼吸困难，迫使马匹用力呼吸代偿，以此加强马匹的呼吸运动和气体代谢能力。

图 11-1-20　马匹水疗（摄于澳大利亚）

图 11-1-21　水流冲击作用（摄于澳大利亚）

（2）水流冲击作用。水疗池中水的流动产生较大的机械刺激性，其刺激作用较稳地作用于马匹身体，可引起明显的血管扩张和神经系统兴奋。为加强刺激作用，一般将水流冲击作用与水的低温刺激结合起来使用。

（3）浮力作用。水具有良好的浮力，马匹全没在水中失去的重量等于体重的十分之九。因此，水疗过程中可有效地减少身体重量对四肢关节压力，增加肌力、耐力、肌肉柔软度和关节活动范围。

图 11-1-22　马专用水疗池出口及入口（摄于澳大利亚）

图 11-1-23　马专用水疗池内景（摄于澳大利亚）

3. 化学作用

主要指的是微量矿物质的化学刺激作用，如硫、铁、钙等。化学物质的刺激可加强水疗法的作用，并使机体获得特殊的反应而提高疗效。

4. **水疗的注意事项**

（1）马匹进食后 1~2 小时进行。

（2）浴水要充分消毒。

（3）马匹有皮肤疾病时不要进行水疗。

（4）水疗结束后，马匹应进行冲洗，并需适当饮水与休息。

图 11-1-24 马专用水疗池内景（摄于澳大利亚）

图 11-1-25 水疗结束后对马匹进行冲洗

第二节 屈腱炎

一、疾病概要

屈腱炎又称为胀筋，是运动马匹非常常见的一种疾病，因为运动马匹经常高速奔跑，四肢承受巨大压力，容易发生浅屈腱、深屈腱和悬韧带的无菌性炎症。屈腱炎其实并没有炎症，而是胶原变性。屈腱炎好发于马匹前肢，特别是左前肢，马左前管上半部胀筋的较多见，前管下三分之一段少见，整个腱全胀的较少。胀筋引起局部肿痛，导致马匹跛行。引起屈腱炎的原因主要有以下方面：

第一，腱负重超过其生理活动范围引起腱纤维剧伸和或部分断裂，发生无菌性炎症。这是屈腱炎最常见的原因，包括 4 种情况：

（1）运动训练过量，如长时间剧烈训练或比赛，奔跑过急，频繁跳越障碍，或在不平、泥泞路上重役奔驰，都会使腱负重超过其生理活动范围，发生无菌性炎症。

（2）管理不当，如马匹久不训练，长期休息后，突然重役高强度训练。

（3）马匹负重过大，负重不稳等，使重量落在前肢，导致腱负重超过其生理活动范围。

（4）马匹腱质发育不良或肢势蹄形不正，如卧系、蹄前壁过长，蹄铁尾过短等情况，都易导致腱负重超过其生理活动范围，发生屈腱炎。

第二，外伤。腱部外伤，导致细菌感染发炎。

第三，继发感染。邻近组织器官的炎症蔓延到腱部，导致发炎。

二、护理评估

屈腱炎早期表现容易被忽视，而一旦出现明显症状则治疗困难，因此早期发现至关重要。其表现主要有以下方面：

初期，主要是腱部温度稍微升高，触摸有温热的感觉，并有稍微肿胀感。马匹没有疼痛症状，捏马管部时，其才感觉有痛感。这个时候治疗效果最好，但是由于马匹没有表现出跛行，容易被忽视。

明显期，出现屈腱炎典型的症状，即病马站立时患肢常向前伸呈稍息状，系部直立，腕部稍屈；或以蹄尖着地，球节掌屈，掌后中部呈鱼腹状隆起，运动时轻度或中度跛行，患肢抬不高，步幅短，寸腕不敢下沉，攒筋不敢伸。跛行常随运动而加重，内侧回转时，跛行更加明显。触诊可感觉屈腱明显肿胀、敏感和疼痛。

三、护理措施

动物试验发现，马的肌腱修复至少需要 14 个月。屈腱炎的护理主要在于以下方面：

(1) 首先是停止训练或比赛，让马匹安静修养。

(2) 马运动后，用凉水冲洗管部，或用专用的冰袋把管部裹上，以达到良好的冷却目的。防止马匹屈腱肿胀发炎。

(3) 减缓急性炎症的发展。用2%的醋酸铅液冷敷或酒精鱼石脂热绷带，后者用的较多。方法是将适量鱼石脂和酒精混合加热，达到一定温度后放入脱脂棉浸透。立即取出热脱脂棉块敷病马患部，用塑料布或保鲜膜、棉花、绷带包扎固定。每天两次，每次用一百毫升左右热的酒精注入，连用三到七天。对于屈腱炎的疗效较好。

(4) 亚急性护理。转成亚急性期的，每次用饱和盐水在局部涂擦 10 分钟左右，再用盐水温敷以促进炎性渗出物的吸收。或者用碘醚樟脑擦剂局部涂擦。

(5) 局部注射。病腱局部注射考的松与普鲁卡因青霉素注射液的混合液，在病腱两侧皮下分点注射，每点间隔 2~3cm。每隔 3~5 天一次，3~4 次为一疗程。

(6) 全身性抗炎药。激素类和非激素类的抗炎药物都可以在屈腱炎急性期使用。如保泰松和多硫黏多糖等。多硫黏多糖（PSGAGs）被证明有抑制胶原酶和金属蛋白酶活性和抑制巨噬细胞活性的作用，但是对成纤维细胞并无影响。因此，可以作为软组织损伤的抗炎药。

第三节 蹄叶炎

一、疾病概要

蹄叶炎是马蹄真皮，特别是蹄壁前半部的真皮小叶层及血管层的弥漫性、无菌性的炎症，从而引起剧烈疼痛的蹄病。蹄叶炎一般于马两前肢或四肢同时发病，较少单独发生在两后肢，导致马匹四肢聚于腹下，腰曲头低，形似五处攒聚，所以兽医又将本病称之为五攒痛。骑马、赛马时有发生，是运动马匹常见的蹄病，常引起马匹跛行。蹄叶炎的确切发病原因还未完全弄清，一般认为与以下方面的因素有关：

1. 饲养管理不当

（1）饲喂过多精料，或日粮结构突然改变时，马匹消化系统不能适应而出现障碍，形成大量的乳酸和组织胺，作用于分布在蹄组织上的毛细血管，引起瘀血和炎症，刺激局部的神经而产生剧烈的疼痛。

（2）马采食过多，并缺乏运动，引起马匹消化系统出现障碍，产生大量的乳酸和组胺，引起蹄部淤血和炎症，发生该病。

（3）马匹长期休闲，而饲喂过多精料，引起消化障碍产生大量的乳酸和组胺，引起蹄部淤血和炎症，而引起发病。

2. 运动管理不当

（1）运动训练量过大，奔跑过急，没有缓冲，急停疾跑等引起蹄部淤血和炎症，而引起发病。

（2）运动训练结束后没有进行牵遛放松，导致蹄部淤血和炎症，引起发病。

3. 其他原因

（1）马蹄的构造上有缺陷或畸形，如广蹄、低蹄、倾蹄等导致马蹄负重不均，容易发生马蹄损伤。

（2）修蹄钉掌不规范，如蹄底或蹄叉过削、削蹄不均等情况都为蹄叶炎发生的诱因。

（3）在长途运输过程中，或有一侧肢体发生严重疾患而对侧肢体代偿性增加支撑身体等情况下，长时间用一侧蹄负重，必然导致蹄部的损伤，发生炎症。

4. 继发因素

蹄叶炎常继发于马流行性感冒、马大叶性肺炎等疾病。

二、护理评估

蹄叶炎的症状以突然发病、蹄部剧烈疼痛导致马匹跛行为主要表现，具体有两种类型：

1. 一肢蹄痛性跛行

单蹄发病较少见。由于蹄叶炎只发生在单个肢体蹄部，跛行较轻微。主要表现是马匹不愿站立和运动，受影响的患肢站立时提起，不敢负重，蹄尖着地。进行检查会发现患肢蹄部温度升高，触压敏感，马匹有反抗或躲避；前、后管部动脉搏动亢进。

2. 两肢或四肢同时蹄痛性跛行

常见于两前蹄同时发病，两后蹄或四蹄同时发病者较少。由于发生蹄叶炎的蹄部数量较多，跛行严重，有明显全身症状。马匹不能久立，出现两前肢向后伸，两后肢向前伸，形成四肢聚于腹下，似五处攒聚的特征表现，所以蹄叶炎也称为“五攒痛”；强行运步时马匹运步极度困难，步样紧张，肌肉震颤，全身出汗，常卧地不起；触诊蹄部温度升高，前、后管部动脉搏动亢进。

三、护理措施

蹄叶炎的护理措施主要包括以下几方面：

1. 加强饲养管理

应控制精饲料的饲喂量，改变精饲料饲喂多多益善的错误观念。要根据不同的阶段，合理饲喂精饲料，不要为了增加马匹营养而大量饲喂精料，不仅造成浪费，而且增加了发生蹄叶炎的机会。应多给予柔软易消化草料，青绿饲料，充分饮水，加适量食盐。如由于饲喂精料过多引起，可内服硫酸钠 250 克、福尔马林 20 毫升，加水 4000 毫升一次内服，可起到排除毒物的作用。

2. 加强运动管理

马匹不能过于安逸休闲，也不能过度运动训练与比赛，适度的运动可以避免蹄叶炎的发生。疾病发生后，马匹每天适当牵遛两次，每次 30 分钟左右。夜散于马厩，任其自起自卧，多铺软草，以防褥疮发生。

3. 浴蹄

发病初期，为了减少炎性渗出，采用冷水浴蹄，每次 1 小时左右，每日 2~3 次；两天后为促进炎性渗出物的吸收，采用温蹄浴。

4. 及时修蹄

合理削蹄和装蹄，以防止蹄叶炎的发生。

第四节　蹄裂

一、疾病概要

蹄裂也称为裂蹄，指马匹蹄部由于各种原因导致蹄壁角质分裂形成各种状态的裂隙的疾病。

1. 蹄裂发生的特点

（1）前蹄比后蹄多发。这是马匹肢蹄疾病的特点，即普遍好发于前肢。这与马匹前肢骨骼比后肢骨骼纤细，且运动中受到更大的负荷，导致前肢更容易发生病变有关。

（2）冬季比夏季多发。正常蹄部角质层保持一定的含水量，以维持蹄部的正常状态，冬季天气干燥，使得蹄部皮肤的水份逐渐蒸发，蹄部的表面就变得粗糙，抵抗力也会减弱，变得十分脆弱，容易发生皴裂。另外，冬季天气寒冷，气温下降，为了适应环境变化，马匹体表毛细血管收缩，导致正常脂类物质分泌减少，蹄变脆，加上粗糙地面等碰撞摩擦，因而造成蹄部出现裂缝。

2. 蹄裂发生的原因

（1）蹄部畸形。由于马蹄畸形，如窄蹄、低蹄、举踵蹄等，使马蹄不同部位受力不均，受力过大的部分就容易发生损伤而出现裂缝。

（2）肢势不正。马匹四肢驻立的状态称之为肢势，正常肢势下蹄部各部分受力均匀，不会发生蹄裂。当马匹出现前踏肢势、后踏肢势、广踏肢势、狭踏肢势等不正肢势时，蹄部各部分受力不均，受力过大的部分就容易发生损伤而出现裂缝。

（3）饲养管理不当。

①饲料中钙、磷不足或比例不当，易造成蹄裂。

②维生素 D 缺乏，导致钙吸收障碍，影响骨骼的生长发育，发生软骨病，使马蹄受力不均，导致蹄裂，特别是马匹缺乏运动和阳光照射更易发生此病。

③蹄角质缺乏色素，导致角质脆弱而发生本病。

④蹄部卫生状况不良，没有及时清洗蹄部。蹄部附着大量的污物，干燥后形成隔绝层，妨碍蹄部正常的新陈代谢，导致蹄部变得脆弱，发生蹄裂。

（4）蹄部外伤或四肢神经切断手术易引起蹄裂。

二、护理评估

蹄裂的表现主要在两个方面：一方面是非常直观的，即蹄部出现或深或浅的裂缝；另一方面是蹄裂引起马匹蹄部疼痛，尤其是深层裂时疼痛更为明显，从而导致马匹出现跛行。如蹄裂的部位有细菌侵入，则并发化脓性蹄真皮炎，也可能感染破伤风等传染性疾病，导致马匹死亡。

三、护理措施

对于马匹蹄裂的护理措施主要包括以下几个方面：

第一，秋后天气转凉时，马厩内可适当铺设干草或细沙，既可护蹄，又能保温。

第二，注意蹄部卫生，经常进行蹄部清洁，并且秋冬季节适当给马蹄涂抹植物油或凡士林，防止干裂。

第三，蹄部有炎症感染，应进行局部消毒，视情况用抗生素对症治疗。

第四，对于蹄部已有的裂缝主要可以采用以下三种方法进行护理：

其一，造沟法。这是阻止蹄部裂缝继续扩大的有效措施，通过造沟以减轻地面对蹄角质病变部的压力，避免蹄部裂隙的开张及延长。方法是在蹄部裂缝上端或两端造沟，以切断裂缝与健康角质的联系，以防裂缝延长。造沟法应注意两个方面的问题：①沟不要造太深及太长。一般来说，沟深度5~7mm，长约15~20mm，深达裂缝消失为止，以免对蹄部造成进一步损伤；②造沟法主要适用于浅层裂或深层的不全裂，对于深层全裂不宜采用此方法。

其二，薄削法。薄削法即削薄法，适用于蹄冠部的角质纵裂，将蹄冠部角质薄削至生发层，待其长出新的角质后，蹄裂即会消失。薄削法也应注意两个方面的问题：①杀菌消毒要严格。因为薄削法是将角质大面积地削去，这势必会引起细菌感染，导致炎症。为了防止细菌感染，必需要对蹄部及周围环境进行彻底消毒。②削至角质生发层后，要在生发层涂上鱼肝油软膏，以促进新角质尽快生成。因为鱼肝油含有大量维生素A是角质生成不可缺少的维生素。

其三，粘合法。即直接用医用高分子粘合剂粘合蹄部裂隙，就像用胶水粘和受损的物体一样。粘合法也有两个方面的问题需要注意：①在粘合前先削蹄整形或进行特殊装蹄，并且清洗和整理裂口，使蹄部裂缝尽量规整。②对裂缝进行彻底清洗与消毒后再进行粘合，以防止细菌感染。

第五节　比赛期间马匹的护理

马匹比赛期间的护理包括三个阶段，即比赛前、比赛中与比赛后。本节重点讨论比赛前与比赛后的护理。

一、比赛前护理

比赛前是指马匹参加各种竞赛之前的一段时间，从马匹准备比赛而离开饲养地点开始，到正式比赛时为止。护理内容包括马匹运输的护理与马匹热身护理。

1. **马匹运输护理**

马匹运输是马匹比赛前的重要准备内容，尤其是马匹饲养与比赛不在同一地点时。马匹运输过程中护理措施主要有以下两个方面的内容。

（1）防止马匹受伤。运输过程中防止马匹受伤非常重要，因此在运输的各个环节都要注意防止马匹受伤。具体来说有：

①运输车辆的改造。

运输马匹的车辆是经过改造的特殊车辆，其特点有：

图 11-5-1　小型运马车辆

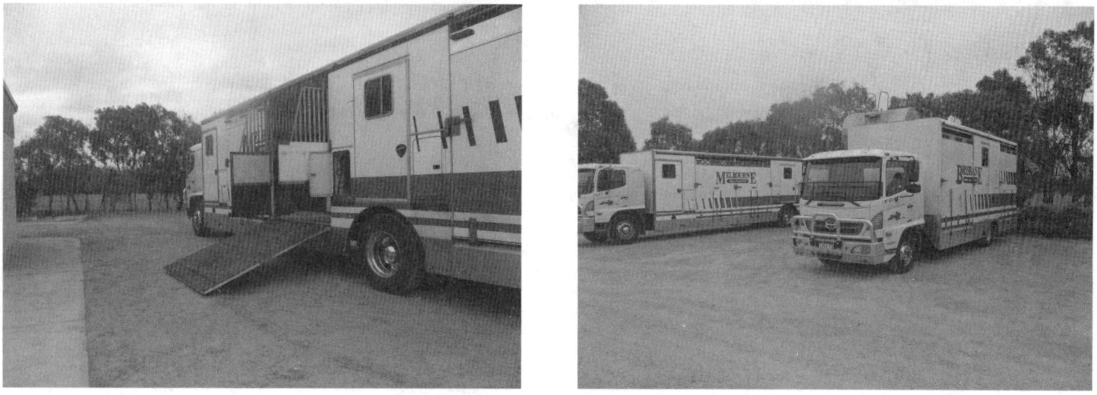

图 11-5-2　大型运马车辆

A. 内部车厢进行了分隔，保证每一匹马都有独立的空间，避免了运输过程中马匹之间互相碰撞、踩踏导致的受伤。

图 11-5-3　小型运马车内分隔情况

图 11-5-4　大型运马车内分隔情况

B. 车厢内部突出的地方都用海绵或泡沫进行了捆扎或隔离，以防止运输过程中马匹被擦伤、割伤或刺伤。

图 11-5-5　车厢壁捆扎了海绵

图 11-5-6　车厢底铺垫海绵

C. 马匹运输车必备踏板，以方便马匹顺利上、下车厢，避免受伤。

图 11-5-7　小型马匹运输车踏板

图 11-5-8　大型马匹运输车踏板

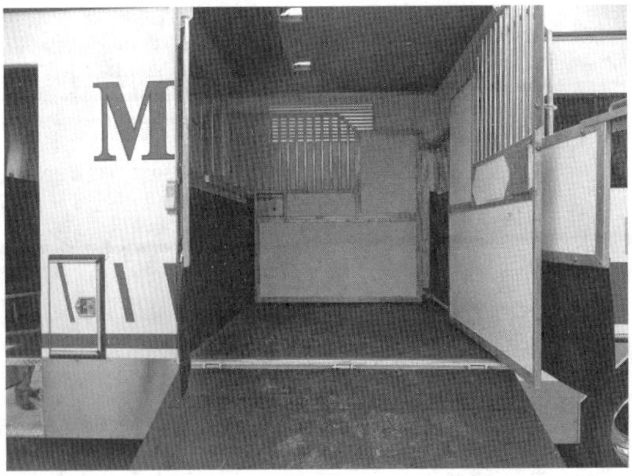

图 11-5-9　大型马匹运输车踏板

②马匹上下车辆的安全措施。

马匹上下车辆时，必须有牵引人员。马匹牵引人员决不能骑着马进拖车或运马车，而且一般要带手套，牵马时一定不要把缰绳缠绕在手上，以免马匹受惊缰绳无法甩脱造成牵引人员受伤。

马匹牵引人员引导马沿着踏板的中线直行，向前方看，不要环视马。如果马犹豫，不要过度用力猛拉它，这样马匹会更加抵抗不配合，造成上下车困难。正确的方法是人靠近马的肩部来稳定，鼓励马与牵引人员同行。

③运输途中的车辆控制。

马匹运输途中，由于马匹站立时没有依靠，容易失去平衡。因此，车辆行进时要保持匀速平稳，最高时速不要超过 60 公里。当遇到交叉路、弯路、泥泞路时要减速，当穿过田地、调头或转弯时要非常慢。要尽可能地平稳运输，不要猛拉、急刹车和急转弯。如果天气不是很冷，运输途中休息时要把踏板或门打开，以吸收新鲜空气。

（2）防止马匹脱水。

脱水指机体消耗大量水分，而不能即时补充，造成新陈代谢障碍的一种症状，严重时会造成虚脱，甚至有生命危险。一般情况下，马匹在车上超过 12 小时，水分消耗会在 5% 以上。这就需要在启程之前和到达目的地之后都要做好充分的准备工作。

首先，在启程之前应给马匹充足饮水，最好在饮水中加一小勺盐，一般来说，1 公升水中约加 6 克盐。因为马匹运输途中由于环境拥挤闷热会大量出汗，导致水分和盐分的丢失，提前补充水分和盐，可以有效防止运输途中马匹出现缺水。

其次，到达目的地之后应立即给马匹补充水分和盐分，而且补充水分和补充盐分要分开。原因同样是因为马匹运输途中由于环境拥挤闷热会大量出汗，导致水分和盐分的丢失，虽然启程之前补充过水分与盐分，但是，经过长途运输的消耗，到达目的地时，机体仍然有可能处于缺水、缺盐状态。因此，到达目的地之后首先要做的是立即给马匹补充水分和盐分。

最后，如果马匹到达赛场不到 10 天就参加比赛，会很容易造成脱水现象。因此，比赛前马匹应尽可能早一点到达比赛地点，一方面可以熟悉场地赛道，另一方面也可以防止马匹出现脱水现象。

2. 马匹热身护理

马匹参加正式比赛之前一定要进行热身活动，热身活动是以较轻的活动量，先行活动四肢肢体，为随后更为强烈的身体活动做准备，其重要性在于可以避免运动损伤的发生。减少损伤的风险系数。

（1）热身的作用。让马匹身心做好准备接受艰苦比赛的准备。热身活动可以提高肌肉温度，肌肉温度升高后可以使肌肉更松弛，更灵活。另外，有效的热身活动可以增加心率次数和呼吸的深度与频率。增加血液流量和血液氧气和血中营养给肌肉，可增加肌肉收缩时的速度和力量、改善肌肉协调能力及黏滞性。从而提高运动成绩，减少运动损伤。

（2）热身的时间。包括两个方面的时间。一个是距比赛开始前的时间：热身活动一般在比赛开始前半小时进行，不能太早也不能太晚。太早的话，热身效果减退甚至消失；太晚，则热身效果还来不及体现就进行比赛。另一个是热身活动持续的时间：每次热身活动持续时间大约为 15 分钟，在天气太热、太湿的情况下，赛前热身时间应适当减少。热身时间不宜过长或过短。过长的话易引起马匹疲劳，过短则起不到热身的效果。

（3）热身的方式。一般大型赛马场都有专门的马匹热身区域，供马匹比赛前进行热身。马匹热身方式主要是慢跑。当然也不局限于某一种特定的运动形式，热身是广义的，任何使马匹有效运动的方式都可以算作热身，比如牵遛马匹、放马进草坪休闲、自由活动；马在摘下笼头的瞬间，急转身，跑，跳，都可以认为是马匹热身的方式。

图 11-5-10　赛马场马匹热身区域

图 11-5-11　比赛前马匹的热身

二、比赛后护理

比赛后护理主要是防止马匹脱水与胀筋（屈腱炎）。

马匹比赛后应立即用冷水冲洗其管部（掌骨和跖骨部位），有条件最好用冰袋冰敷其管部。这是为了降低局部温度，防止管部充血肿胀，发生屈腱炎。

比赛后马匹容易出现脱水症状，表现为体温升高达到 40 度或以上，烦躁不安。这时应采用输液的方式补充水分，补水量巨大，需要补充的水分应该在 50~60 升左右。输液时要注意输入速度不能太快，以免大量水分短时间进入血液循环导致血容量急剧增高，加重心脏负担，引起心功能衰竭。

比赛结束后，有些马匹会采取降温措施，一般是用水管直接冲洗马体。最需要降温的部位是肩部、臀部和头部。降温时间持续 10 分钟左右，冲洗后要立即用水刮将马身上的水刮掉，以免马匹受寒感冒。

比赛结束后，马匹需牵遛 15~20 分钟左右，再让其休息。这主要是为了防止马匹从剧烈运动状态突然转为静止状态出现血液淤积在四肢，导致静脉回流减少，因而心输出量下降，血压降低，造成暂时性脑缺血，产生不适感。另外，比赛后的牵遛有助于加速消除乳酸，有效地缓解剧烈运动引起的肌肉酸痛，促进马匹疲劳的恢复。

参考文献

1. 韩国才. 相马 [M]. 北京：中国农业出版社，2014.

2. 宋继忠，李广焱，孔繁利，郭江：最新马病防治 [M]. 北京：中国铁道出版社，2010.

3. 韩国才主译；王绍松，齐长明主审. 马术手册 [M]. 北京：中国农业科学技术出版社，2009.

4. 丁壮，周昌芳，李建华主编. 马病防治手册 [M]. 金盾出版社，2006.

5. 任文社，刘小宝，高婕，刘彦慈 编著. 动物药理实验实训指导 [M]. 保定职业技术学院，2005.

6. 马疯窝骑士（骑马）运动俱乐部论坛，http：//www. mafengwo. com

7. 京城马汇，http：//www. iecbj. com/200962594658. html

8. 许秉礼，曹长雄. 马属动物饮水不足发生结症的探讨 [J]. 上海畜牧兽医通讯一2006（6）：84.

9. 张志恒，李毓义，熊云龙，于顺，李方春. 群发性马急性盲结肠炎的调查报告 [J]. 吉林畜牧兽医，1982（6）.

10. 高联合，王爱琴. 急性支气管炎的护理方法及护理效果观察 [J]. 吉林医学，2014（7）.

11. 斯琴. 马纤维性骨营养不良的病例报告 [J]. 黑龙江畜牧兽医，1995（11）：33-34.

12. 孙跃斌，张庆德，李秀珍. 马骡蹄叶炎的手术疗法 [J]. 吉林畜牧兽医，2006（12）：49.

13. 温伟. 中西医结合治疗马蹄叶炎的临床观察 [J]. 中国兽医杂志，2009（3）：70-71.

14. 杨蔚，耿云云，阎国强等. 马匹屈腱炎诊断及疗法探讨 [J]. 中国兽医杂志，2010（21）：49-51.

15. 郭洪峰. 白糖冰片合用治疗马属动物口炎 [J]. 江西畜牧兽医杂志，1983（3）：41.

16. 李毓义. 马急性盲结肠炎 [J]. 吉林畜牧兽医，1982（6）：22-27.

17. 赵致真. 奥运中的科技之光（三十二）五环旗下的马蹄声（上）.

18. 王绍松. 运动用马的管理和护理，[Z] http：//www. docin. com/p-426197057. html

19. 中国人民解放军兽医大学. 马体解剖图谱. 长春：吉林人民出版社，1979.

20. http：//www. asdyjt. com/products_ detail_ 2/&productId=45412ab7-805b-4359-

b506-dbf8900aa476. html

21. http://baike. baidu. com/view/295335. htm? fr=aladdin

22. http://baike. baidu. com/view/117364. htm? fr=aladdin

23. http://baike. baidu. com/picture/117364/117364/0/9f1011b3c007418bd9335af4. html? fr=lemma&ct=single

24. http://baike. baidu. com/view/117378. htm? fr=aladdin

25. http://baike. baidu. com/picture/117378/117378/0/1f56948271836c83f603a6b3. html? fr=lemma&ct=single#aid=0&pic=fc5e5f3437973075241f147d

26. http://baike. baidu. com/view/705721. htm? fr=aladdin

27. http://mp. weixin. qq. com/s? _ _ biz = MzA4NTA0MDIwMQ = = &mid = 10015707&idx=1&sn=c23f50cd7a6ab08d7cf29d58572a8aef

28. http://www. royalhorse. com. cn/article-779. html

29. http://baike. baidu. com/item/%E9%98%BF%E6%8B%89%E4%BC%AF%E9%A9%AC? fr=aladdin

30. http://www. cpus. gov. cn/zlk/kpsjk/tupianku/201308/t20130828_ 278733. shtml

31. http://baike. baidu. com/view/1575845. htm? fr=aladdin

32. http://www. 88pets. com/Varieties/other/292. html

33. http://www. 88pets. com/Varieties/other/297. html

34. http://baike. baidu. com/picture/585321/14773681/0/9f1011b38d8512ffd8335a5e. html? fr=lemma&ct=single#aid=0&pic=9f1011b38d8512ffd8335a5e

35. http://baike. baidu. com/subview/585321/14773681. htm? from=image&from=image

36. http://www. scdzzx. net/html_ horse/article/20071110008. html

37. http://www. gucn. com/blog/blog_ Article_ Info. asp? ID=17595

38. http://baike. baidu. com/picture/117371/117371/0/562c11dfa9ec8a 132338858 af403918fa0ecc0be. html? fr=lemma&ct=single#aid=0&pic=562c11dfa9ec8a132338858a f403918fa0ecc0be

39. http://www. xjylzs. com/news/xttc/2012/7/1272617896417. html

40. http://baike. sogou. com/v7595521. htm; jsessionid = 683B1289 A816B274F6 D74597662DE438. n2

41. http://jwjxcg. gsau. edu. cn/dwyxy/dwjpx/kzkt. asp? page=2

42. http://jwjxcg. gsau. edu. cn/dwyxy/dwjpx/kzkt. asp? page=2

43. http://www. 58pic. com/sucai/11161213. html

44. http://baike. baidu. com/link? url = UdMrXd0qFaXcqXRNZIvkwejdXQRearZOdt RNfYWsTsHXsXnO_ XJeNO02x30Oo9zUhQteNoTAvO2qg4E6gFDT5q

45. http://baike. sogou. com/v70226831. htm

46. http://baike. baidu. com/link? url = u1hupvQXU7WrzAjazOtJo2VnlVD5J58jre Y4kjofHM51bltn7evdf36NW29Idk5Bn2u-SpSiyE44C0157MCoIq

47. http://baike. baidu. com/link? url = XhpP5l2H7d2zx _ 4g8QpowgO7Sswf - 5L _

GePRVm3k1Fm0_ pEedRkGc34WxH9dkAxgdehSDIXd12LMscLFp_ 7Jv_
48. http：//chinasaddlery. com/article. php? id=68
49. http：//blog. sina. com. cn/s/blog_ 4d0099520100i166. html
50. http：//www. zhongteyang. com/article/20130722/2373. html
51. http：//baike. baidu. com/view/51586. htm? fr=aladdin
52. http：//baike. baidu. com/view/4374284. htm? fr=aladdin
53. http：//www. bioon. com/Article/Class524/11427. shtml
54. http：//wenku. baidu. com/link? url = ctj9WJjmzlzQUVlwuOzJfmbn9jZF1XCDDaSf9OMLF84VfpnUWLCk9o1nflkTSrlGcgM5BbG2wo2JKPKMisK7L30tsUbFsHahWvWboNI5iQe
55. http：//wenwen. sogou. com/z/q190297653. htm
56. http：//www. hesppe. com/tech/zl/354. html
57. http：//baike. baidu. com/view/74599. htm? fr=aladdin
58. http：//baike. sogou. com/v124439. htm
59. http：//baike. baidu. com/view/110229. htm
60. http：//xn. sdmyxy. cn：8066/zy-jxtp4. asp
61. http：//baike. baidu. com/view/106507. htm? fr=aladdin
62. http：//www. baike. com/wiki/中暑
63. http：//health. pcbaby. com. cn/zz/576/
64. http：//baike. baidu. com/view/85945. htm
65. http：//baike. baidu. com/view/16450. htm
66. http：//baike. baidu. com/view/1647726. htm? fr=aladdin
67. http：//zhidao. baidu. com/question/5436525. html? card=1
68. http：//wenku. baidu. com/link? url = UWkv6dLVjwoc6diehA0kqnKVJAOLV4oLik2gMA4cTWMwBCUnmGkdo
69. http：//www. 360doc. com/content/13/0420/12/803452_ 279663019. shtml
70. http：//zhidao. baidu. com/link? url=VXwE_ OPTF13XtdhMJAbZ12wRyZwUt JW-yYijzv5qDYlZasZ1S2uVfRig8CWj_ QJEc0da48EnJBJytxBv1OOe60q
71. http：//wenku. baidu. com/link? url = pPj1QYkmmZHxLPiB - vhNxfP0wccGy1Np8G_ I6BII80rirgZLrp7mGDfgIw62s91ubqw0qnBU3dscqw_ gI9UU0JaWgMO52ildyWKtvs7BIPy
72. http：//baike. baidu. com/view/1409728. htm? fr=aladdin
73. http：//baike. baidu. com/view/171. htm
74. http：//baike. baidu. com/view/205328. htm? fr=aladdin
75. http：//baike. baidu. com/view/55349. htm
76. http：//baike. baidu. com/view/41684. htm#2
77. http：//www. med66. com/html/2008/7/ch7395030017178002 16740. html
78. http：//baike. baidu. com/view/647163. htm? fr=aladdin
79. http：//2008. sohu. com/20080813/n258823595. shtml
80. http：//zhidao. baidu. com/question/220829544. html

81. http://baike. baidu. com/view/6126714. htm? fr=aladdin

82. http://baike. baidu. com/view/1647485. htm? fr=aladdin

83. http://baike. baidu. com/view/279269. htm

84. http://baike. baidu. com/view/4792434. htm? fr=aladdin

85. http://baike. baidu. com/view/82294. htm

86. http://baike. baidu. com/view/4968994. htm? fr=aladdin

87. http://baike. baidu. com/view/1069429. htm? fr=aladdin

88. http://baike. baidu. com/view/6298. htm

89. http://baike. baidu. com/view/54015. htm

90. http://pic. sogou. com/d? query =% BA% DA% C2% ED&mood = 0&picformat = 0&mode = 1&di = 0&p = 50040513&dp = 1&did = 17#did16

91. http://pic. sogou. com/d? query =% CA% DE% D3% C3% B5% E7% D7% D3% CC% E5%CE%C2%BC%C6&pid = sogou-site-664dd858db942cad&duppid = 1&mood = 0&picformat = 0&mode = 1&di = 0&did = 3#did2

92. http://image. baidu. com/i? ct = 503316480&z = 0&tn = baiduimagedetail&ipn = d&word = 白马 &step_ word = &pn = 28&spn = 0&di = 66673878480&rn = 1&is = &istype = &ie = utf-8&oe = utf-8&in = 5769&cl = 2&lm = -1&st = &cs = 3833359075% 2C545971632&os = 3493047531%2C3576761338&adpicid = 0&ln = 1000&fr = &fmq = 1416206130807_ R&ic = &s = &se = &sme = 0&tab = &width = &height = &face = &ist = &jit = &cg = &objurl = http% 3A% 2F% 2Fpic9. nipic. com%2F20100918%2F5252423_ 113848562843_ 2. jpg&fromurl = ippr_ z2C% 24qAzdH3FAzdH3Fooo _ z% 26e3Bgtrtv _ z% 26e3Bv54AzdH3Ffi5oAzdH3Fnmblncd _ z%26e3Bip4s

93. http://blog. sina. com. cn/s/blog_ 53ace0440100czq3. html